내 몸과 지구를
지키는
화장품 사용 설명서

KB194920

내 몸과 지구를 지키는 화장품 사용 설명서

제1판 제1쇄 발행일 2025년 4월 5일

글 _ 배나린, 배성호
기획 _ 책도둑(박정훈, 박정식, 김민호)
디자인 _ 이안디자인
펴낸이 _ 김은지
펴낸곳 _ 철수와영희
등록번호 _ 제319-2005-42호
주소 _ 서울시 마포구 월드컵로 65, 302호(망원동, 양경회관)
전화 _ 02) 332-0815
팩스 _ 02) 6003-1958
전자우편 _ chulsu815@hanmail.net

ISBN 979-11-7153-028-1 43590

철수와영희 출판사는 '어린이' 철수와 영희, '어른' 철수와 영희에게 도움 되는 책을 펴내기 위해 노력합니다.

내 몸과 지구를
지키는
화장품 사용 설명서

글 | 배나린, 배성호

철수와영희

화장을 처음 시작하나요?

여러분은 화장을 해 본 경험이 있나요? 어렸을 때 엄마 화장대에서 몰래 화장을 하다 립스틱을 부러뜨려 혼난 경험이 있지 않나요? 제가 초등학교에 다닐 때에는 주변 친구들 중 화장을 하는 친구는 손에 꼽을 정도로 적었어요. 하지만 중학교에 올라오고 시간이 지날수록 주변에 화장을 하는 친구들이 무척 많아졌습니다. '화장'이 단순히 얼굴을 꾸미는 것에서 그치지 않고 또래 친구들 사이에서 하나의 문화가 되었죠. 좋은 제품이 있을 때에는 정보를 공유하고, 요즘 유행하는 화장법이라든가 화장과 관련한 에피소드를 소재 삼아 이야기를 나누기도 하지요. 날이 갈수록 화장은 일상생활에서 많은 부분을 차지하게 되었어요.

그런데 매일 화장을 하고 이야기 나누는 것에 비해 화장에 대해 너무 모른다는 생각이 들어요. 화장품을 살 때 무작정 예쁜 포장, 예쁜 용기만을 보고 골랐어요. 화장품 용기에 조그맣게 씌어 있는 글씨들은 온통 난생처음 보는 단어들이 많아서 읽어도 전혀 의미를 모르겠고 외계어 같았으니까요. 가끔 화장품이 과연 우리 몸에 직접 닿아도 될 만큼 안전한가 하는 의문이 들기는 했어요. 어쩌다 화장품이 눈에 들어가면 너무 아프니까 걱정이 되었거든요. 하지만 많은 사람이 쓰는 거니까 안전에 크게 문제가 있을 거라는 생각은 하지 않았어요.

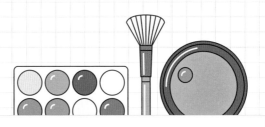

그런데 어느 순간 화장을 할 때 불편함과 어려움이 많다는 것을 느꼈어요. 그래서 화장품에 대해 조사하기 시작했어요. 화장품이 무엇인지, 눈에 들어가면 왜 아픈지, 화장품에 씌어 있는 이 빽빽한 외계어들은 도대체 무슨 뜻인지 말이죠.

반 친구들에게 화장을 언제 시작했는지, 화장품은 어떤 기준으로 구매하는 지 등 설문조사를 해 보기도 했어요. 화장품별로 얼마나 피부에 착색되는지 실험을 해 보기도 했죠. 화장과 화장품 관련 자료들도 찾아보았어요. 이렇게 하고 나니 화장품에 대한 궁금증들은 어느 정도 해소가 되었어요. 이 책을 쓰는 데 있어 〈화장품을 생각하다〉(식품의약품안전평가원)와 〈소중한 나〉(식품의약품안전처), 식품의약품안전처의 화장품 관련 자료를 많이 참고했어요.

화장품에 관해 저와 같은 궁금증을 품은 적이 있다고요? 화장을 이제 막 시도해 보려 한다고요? 그럼 이 책을 먼저 읽어 주세요. 이 책을 다 읽고 나면 화장과 화장품이 우리가 살고 있는 이 세계와 수많은 생명들과도 연결되어 있다는 것을 알 수 있을 거예요. 그럼 화장의 세계로 함께 떠나 볼까요.

배나린 드림

딸과 아빠가 함께 쓴 이 책은 내 몸과 지구를 살리는 화장품의
사용법을 꼼꼼하게 짚고 있습니다. 화장품 용기의 라벨을 읽는 방법이
나 제품별로 안전한 사용 방법 같은 쓸모 있는 정보를 쉽게
전달하고 있습니다. 게다가 '외모지상주의'에 대한 관찰과 비판도
당차고 건강합니다.　　　　　　　　　− 최경호(서울대학교 보건대학원 교수)

이 책은 '화장'에 대해 예뻐 보이기 위한 단순한 행위를 넘어
환경과 사회에 미치는 영향까지 살피는 다양한 시각을
가지게 합니다.　　　− 박수미(발암물질없는사회만들기국민행동 사무국장)

"화장을 하는 것보다 지우는 것이 더 중요하다!"
'화장'이 학생들의 일상이 된 현실에서 '화장품'을 안전하고
건강하게 사용하길 바라는 마음이 담긴 이 책을 학생들과 함께
읽기를 추천합니다.　　　　　　　− 서윤수(경기환경운동연합 공동대표)

학생 당사자가 화장에 대해 가졌던 호기심과 경험을 토대로
직접 들려주듯 안내하는 '화장품 사용 설명서와 별책부록'을
만날 수 있습니다.　　　　　　　　− 이선임(성북기후행동 공동대표)

화장품 사용법은 물론 유해 물질과 건강, 쓰레기와 재활용,
성차별 문화까지 엮어 낸 책입니다. 지구를 생각하며
화장을 시작하는 청소년들에게 필독을 권합니다.
　　　　　　　　　　　　　　　　　− 고금숙(알맹상점 대표)

1

화장품이
뭐예요?

1
샴푸도
화장품이라고요?

여러분은 화장품을 얼마나 사용하고 있나요? 사람마다 많은 차이가 있을 거예요. 화장을 하는 경우도 있고, 화장을 전혀 하지 않을 수도 있기 때문이죠. 특히, 화장을 하지 않는 친구들은 화장품이 낯설게 느껴질 수도 있어요. 그런데 자신은 화장을 하지 않는다고 하는 사람들도 알고 보면 대부분 생활 속에서 다양한 화장품을 사용하고 있답니다.

화장이라고 하면 보통은 얼굴에 하는 것을 떠올리지요. 하지만 우리는 얼굴뿐 아니라 생활 곳곳에서 화장품을 날마다 쓰고 있어요. 거의 매일 머리를 감는 샴푸나 자외선을 막기 위해 바르는 선크림도 사실 화장품입니다. 화장품은 우리를 깨끗하게 만들고 건강을 유지하며 예뻐지기 위해 바르고 문지르거나 뿌리는 모든 물품을 말하거든요.

우리나라에서는 화장품을 「화장품법」으로 관리하고 있는데, 그 법에서는 화장품을 이렇게 정의합니다.

매장에 진열된 다양한 화장품들의 모습.

"인체를 청결·미화하여 매력을 더하고 용모를 밝게 변화시키거나 피부·모발의 건강을 유지 또는 증진하기 위하여 인체에 바르고 뿌리는 등 이와 유사한 방법으로 사용되는 물품으로 인체에 대한 작용이 경미한 것을 말한다."

「화장품법」에서는 화장품을 사용 부위, 사용 목적 등에 따라 13가지 유형으로 분류하고 있어요. 영·유아용, 목욕용, 인체 세정용, 눈 화장용, 방향용, 두발 염색용, 색조 화장용, 두발용, 손발톱용, 면도용, 기초화장용, 체취 방지용, 체모 제거용 제품류가 있습니다. 생각보다 화장품 종류가 참 많이 있지요.

따라서 우리가 생활 속에서 자주 쓰는 샴푸나 바디 워시 등도 모두 화장품에 포함됩니다. 만약 아침에 일어나서 샴푸로 머리를 감고, 스킨과 로션을 바르고 외출 전 자외선 차단제와 립밤을 썼다면 벌써 5가지의 화장품을 쓴 것이지요.

면도용 제품을 비롯해 두발용 제품류까지 화장품의 세계는 아주 다채롭답니다. 특히 피부가 약한 어린이를 보호하기 위한 화장품도 있습니다. 영·유아용 샴푸나 로션, 오일, 파우더, 크림 같은 것들이죠. 이런 제품은 특별히 순하고 자극적이지 않도록 만들어지고 이러한 특성에 적합한 성분을 사용합니다.

그렇다면 여러분이 사용하는 화장품은 어떤 것이 있는지 떠올려 보세요. 가족들은 주로 어떤 화장품을 이용하고 있는지도 한번 생각해 보세요.

다음 그림은 친구들이 사용하는 화장품을 표시한 거예요. 그림에 자신이 사용하는 화장품을 써 보세요.

광고를 보면 마치 화장품이 큰 효과가 있는 것처럼 나올 때가 있어요. 바르기만 해도 피부가 좋아지고 줄기 세포가 새롭게 만들어진다는 등의 과장된 광고가 많거든요. 하지만 화장품은 의약품과는 다릅니다. 인체에 사용하는 물품이라도 질병의 진

©야자학교

단, 치료, 처치 또는 예방을 목적으로 사용하는 것은 법률적으로 화장품이 아니기 때문입니다. 그래서 화장품 회사에서 과장 광고를 하면 법적인 처벌을 받게 됩니다. 화장품은 의약품과 달리 단기간에 뚜렷한 효과를 기대하기 힘들기 때문입니다. 이런 점을 잘 알고 화장품을 선택할 필요가 있답니다.

2
화장에도
에티켓이 필요하다고요?

엘리베이터나 버스를 탔는데, 진한 향수 냄새에 머리가 아픈 적이 있지 않나요? 여러 사람이 이용하는 공공시설이나 장소, 대중교통 등에서는 너무 진하거나 불쾌한 향이 느껴져도 피할 수가 없지요. 그 향을 사용한 사람에게는 좋은 향기이겠지만, 향에 민감하거나 알레르기가 있는 사람은 그저 불쾌하고 건강에 좋지 않은 냄새로 여겨져 그 공간을 빨리 피하고 싶을 거예요.

미국과 캐나다 등에서는 공공기관과 병원 같은 곳에 향이 없는 무향 공간을 만들어 운영하고 있어요. 일부 주에서는 어린이가 다니는 학교나 환자가 많은 병원 등에서 향수의 사용을 전면 금지하기도 해요. 이 마크는 해당 공간이 무향 공간이라는 표시입니다. 이 마크가 있는 곳은 향수를 뿌리고서는 출입할 수 없습니다.

무향 공간 표시

이렇게까지 하는 것이 심하게 보일

수 있습니다. 하지만 이렇게 향수의 사용을 금지하는 것은 단지 개인의 취향 문제가 아니기 때문입니다. 실제 향이 알레르기를 비롯해서 의학적으로 큰 문제를 일으키는 경우가 많이 있거든요.

최근에는 '향수 오염'이라는 말이 생길 정도로 지나친 향수 사용에 대한 문제의식이 커지고 있습니다. 그래서 향수 및 향이 첨가된 제품을 새로운 유형의 대기 오염으로 분류하려고도 하고 있어요. 향이 첨가된 제품을 만드는 데 이용되는 화학 물질은 천식 및 폐 질환 등을 앓고 있는 사람들에게 심각한 건강 문제를 일으킬 수 있기 때문입니다.

그렇다면 향수는 쓰면 안 되는 걸까요? 향수에는 꽃, 허브, 사향 등 알레르기를 유발하는 성분이 들어 있는 경우가 많습니다. 병원, 회의실 같이 여러 사람이 함께 이용하며 건강상 안전이 필요하고 막힌 공간에서는 향수를 사용하지 않는 것이 다른 사람을 배려하는 기본 에티켓입니다. 때와 장소를 가려서 사용할 필요가 있는 거지요.

향수를 사용할 때는 과도하게 쓰지 않는 것이 좋습니다. 우리의 후각 기관은 처음에는 향을 잘 느끼지만 대략 한 시간이 지나면 코의 후각 수용체가 피로해져서 향을 잘 느끼지 못하게

환경정의

'향'으로 인한 건강 문제! 어디서? 어떤 제품에서?

환경정의 향 제품·공간 사용 실태 설문조사

1 향이 있는 제품을 사용하면서 신체적, 정신적 건강 이상을 경험한 적이 있나요?

개인 위생용품
청소용품
세탁용품
탈취제
방향제
향수

디퓨저나 향수에 노출될 때 가려움증이 생겨서 손바닥부터 온몸으로 번져요. 향수를 강하게 쓴 분 옆에 앉았다가 입 안 점막이 부풀어오른 경험도 있어요.

@pough********

컨디션이 좋을 때는 버티지만 힘든 낮은 향으로 재채기, 면역반응, 가려움, 따가움을 느껴요. 싫은 티를 내면 이 좋은 향을 넌 왜 지독하다 하니며 미움을 많이 받았어요.

@muyou**********

섬유유연제로 행굼 세탁한 이불을 덮으면 무조건 두드러기처럼 발진이 올라와요.

@32****

아기가 100일쯤 되었을 때 옷에 진한 향수를 뿌린 사람이 안고 난 후, 아기의 눈두덩이가 부어있었어요. 그 이후에도 지인이 향이 센 헤어에센스를 바르고 아이를 만졌는데 아이의 피부가 일시적으로 얼룩덜룩해졌어요.

@moa******

2 향으로 인한 신체적, 정신적 건강 이상을 겪은 장소가 있나요?

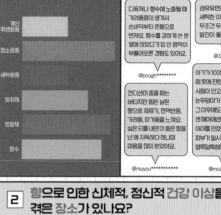

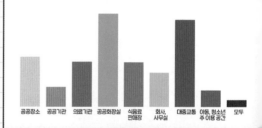

공공장소　공공기관　의료기관　공공화장실　식음료 판매장　회사, 사무실　대중교통　아동, 청소년 주 이용 공간　모두

천식 환자입니다. 향수 냄새를 맡으면 바로 기침이 나요. 지하철에서 기습적으로 훅 맡게 되면 기침이 멈추지 않아서 중간에 내려 약을 흡입하고 진정된 후 다시 타고 가요. 향수 냄새가 무섭습니다.

사무실에서 섬유탈취제를 뿌리면 천식 증상이 나타나 힘들어요. 동료분들이 탈취제를 손에 둘 때마다 긴장합니다.

백화점의 향수와 핸드워시 브랜드 매장을 지나가면 재채기가 심하게 나고 구역질과 어지럼증으로 숨쉬기가 어려울 정도로 고통스러워요.

공중화장실에서 뿌려지는 향 때문에 편두통을 자주 경험해요.

3 향으로 어떤 신체적, 정신적 건강 문제를 경험하셨나요?

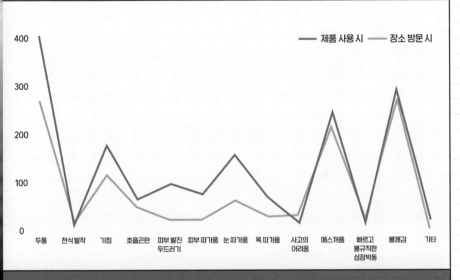

402030 제품 사용 시 ─ 장소 방문 시

(그래프 Y축: 0, 100, 200, 300, 400)
(X축 항목: 두통, 천식 발작, 기침, 호흡곤란, 피부 발진 두드러기, 피부 따가움, 눈 따가움, 목 따가움, 사고의 어려움, 메스꺼움, 빠르고 불규칙한 심장박동, 불쾌감, 기타)

택시를 탔을 때 가끔 강한 차량용 방향제를 쓰는 경우 가는 내내 극심한 멀미를 겪어요.

@blue*********

임신했을 때 함께 근무하는 옆 동료의 향수로 머리가 깨질 듯 아팠습니다. 몇 번 당신의 향수 때문에 힘들다고 했더니 동료가 매우 불편해했어요.

@bae****

ADHD 환자는 민감도가 높아 향수나 향에 두통, 어지러움이나 구역감을 느낄 수 있어요.

@arti*********

지하철이나 버스에서 향수 냄새나 특정 로션 향기를 맡으면 숨이 막히고 머리가 아파요. 심하면 쓰러지기 직전인 상태가 되기도 하고요.

@yoh****

다른사람의 옷에서 섬유유연제 향이 날 때 무척 괴로운데, 두통을 동반한 구역감이 몰려와요.

@23b***

대중교통이나 엘리베이터 안 향수 향으로 메스꺼움이나 구토, 두통을 자주 경험해요.

@hah********

화장품 향에 민감해서 지하철에서 메스꺼움이 심하게 느껴져서 내려 구토를 한 경험이 있어요. 메스꺼움 뿐만 아니라 기침과 콧물도 나와 대중교통에서 화장품 향이 짙은 사람이 있으면 다른 칸으로 이동하거나 내렸다가 다음 지하철을 타요.

@blue**********

대형 쇼핑몰이나 백화점을 피하는 가장 큰 원인이 향료 때문 입니다. 구역질과 어지럼증이 느껴지는 향이 거의 테러처럼 느껴져서 늘 도망치다시피 그 앞을 숨 참고 피해 다녀요.

@arom********

지하철 안 젊은 머리에서 나는 샴푸 등 세정용품 냄새로 두통, 메스꺼움을 자주 경험하고 간혹 다른 화장품 냄새도 나면 멀미가 나서 내리고 밖에서 쉬다가 다시 타기도 합니다. 방향제는 두통과 오심을 겪습니다. 어릴 때는 두통, 구토가 있다가 성인이 되니 천식 증상이 더해졌어요.

@redm*******

후원: 서울특별시 녹색서울시민위원회

됩니다. 그래서 향이 모두 사라졌다고 생각해서 향수를 반복해서 뿌리다 보면 상대방에게 불쾌감을 줄 정도로 향이 과도해질 수 있습니다.

대략 1미터 밖에서도 향이 느껴진다면 과도한 양을 사용한 것입니다. 향수를 사용했다면 때때로 가족이나 친구에게 자신의 향이 과도한지 확인해 보는 것도 좋겠습니다. 향수를 사용할 때는 자신뿐만 아니라 다른 사람을 배려하는 매너가 필요합니다.

2024년 환경 시민 단체인 환경정의에서는 서울시 녹색서울시민위원회와 함께 향과 향수 제품·공간 사용 실태 및 인식에 관한 조사를 했습니다. 조사 결과를 보면 흥미로운 점이 많습니다. 여러분도 비슷한 경험이 있었는지 떠올려 보세요. 우리나라에서도 미국이나 캐나다처럼 병원이나 학교 등 안전이 필요한 공공장소를 무향 공간으로 지정하여 운영하자는 의견이 있는데, 이에 대해 여러분은 어떻게 생각하는지 친구들과 이야기를 나눠 보세요.

3
무향과 무향료가
다른 것이라고요?

화장품을 구입하려고 보면 헷갈릴 때가 있습니다. 무향과 무향료 표시입니다. 무향과 무향료는 비슷해 보이지만 상당히 큰 차이가 있답니다. 과연 그 차이는 무엇일까요?

　최근 건강과 안전에 대한 관심이 높아지면서 향을 첨가하지 않은 제품을 사려는 소비자들이 많아지고 있습니다. 향이 들어가 있지 않은 제품에 대한 관심이 높아지면서 화장품 회사에서도 이 부분을 강조하고 있답니다. 하지만 같은 뜻으로 알고 있는 무향과 무향료는 전혀 다른 뜻이랍니다.

　무향과 무향료는 둘 다 향이 들어가 있지 않다는 것 같지요. 무향은 한자로 '없을 무(無)'에 '향기 향(香)'으로 화장품에 향이 없다는 뜻이에요. 향을 내는 성분이 들어가지 않았다는 뜻은 아닙니다. 무향 화장품은 화장품에

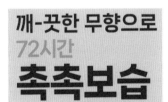

무향 화장품 광고 문구.

포함된 고유한 화학 성분 특유의 냄새를 제거하기 위해 또 다른 화학 성분을 넣은 것이거든요.

화장품 기업들은 무향을 내세우며 제품을 광고하기도 하지만 오히려 무향은 향을 없애기 위해 여러 화학적 처리를 가했기에 건강에 더 안 좋을 수도 있어요. 피부가 민감한 사람은 무향이 아닌 향료 자체가 들어가지 않은 무향료 제품을 사용하는 것이 좋습니다.

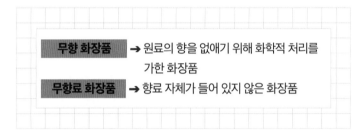

무향 화장품 → 원료의 향을 없애기 위해 화학적 처리를 가한 화장품

무향료 화장품 → 향료 자체가 들어 있지 않은 화장품

4
10대 친구들은
어떻게 화장을 하게 되었을까요?

혹시 화장을 한 적이 있나요? 호기심으로 한번 해 본 경우도 있고, 때때로 하는 경우도 있을 수 있어요. 제 10대 친구들에게 어떻게 화장을 시작하게 되었는지 물어보았어요.

"초등학교 5학년 때 얘들이 많이 하길래 궁금해서 선쿠션과 립밤으로 화장을 시작했어. 선크림만 발라도 왠지 예뻐진 거 같고 자신감이 생겨서 좋아."

"엄마하고 백화점을 갔는데, 립스틱을 사야 한다고 해서 따라갔어. 그때 엄마가 립스틱을 사 주셔서 쓰고 있어. 입술 색이 변해서 좋아."

"중학교에 올라오니 화장하는 아이들이 많아져 자연스럽게 시작했어."

"화장을 재미로 시작했는데 이제 안 하면 허전해. 친구들이 아파 보인다고 해서 틴트를 발랐어. 화장 안 하고 가면 다들 아파 보인다고 해."

"초등학교 6학년 때 아빠의 사촌 동생 결혼식에 갔는데, 그때 엄마가 화장을 해 주셨어."

다음은 여성환경연대가 2021년 발표한 〈청소년 화장품 사용 실태 결과 보고서〉에 나온 화장을 하는 초·중·고교생을 대상으로 한 설문 조사 내용이에요.

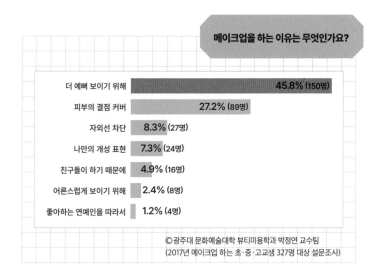

메이크업을 하는 이유는 무엇인가요?

더 예뻐 보이기 위해	45.8% (150명)
피부의 결점 커버	27.2% (89명)
자외선 차단	8.3% (27명)
나만의 개성 표현	7.3% (24명)
친구들이 하기 때문에	4.9% (16명)
어른스럽게 보이기 위해	2.4% (8명)
좋아하는 연예인을 따라서	1.2% (4명)

ⓒ광주대 문화예술대학 뷰티미용학과 박정연 교수팀
(2017년 메이크업 하는 초·중·고교생 327명 대상 설문조사)

화장을 하는 이유는 참 다양했어요. 외모를 아름답게 가꾸려는 것은 자연스러운 일이에요. 또래 친구들이나 유트브 뷰티 채널 같은 사회관계망서비스(SNS) 등에서 화장하는 법을 알려 주는 콘텐츠가 늘어나고도 있고요.

그런데 처음에는 즐겁고 가볍게 시작했던 화장이 오히려 문제가 될 수도 있답니다. 외모 가꾸기 강박이 생기거나 피부를 상하게 하는 일이 생길 수 있어요. 화장으로 생활이 힘들어진 경우도 있었어요. 화장을 안 하고 학교에 가면 친구들이 '왜 화장 안 했어?'라고 많이 물어봐서 화장을 계속 해야만 하는 경우예요. 그래서 화장을 하지 않았을 때는 마스크를 쓰는 등 얼굴을 가리고 다니거나 사람들과 만나는 것을 피하는 경우도 있었답니다.

10대 친구들은 정해진 용돈 안에서 화장품을 구입해야 하는 일이 많으니, 아무래도 화장품을 구입할 때 가격 대비 성능인 가성비를 따질 수밖에 없어요. 그러다 보니 화장품 성분에는 신경을 쓰지 못한 경우가 많았어요. 화장으로 인해 피부 문제가 생겨도 화장을 그대로 한다고 한 청소년이 많았답니다. 심지어 피부의 결점을 보완하려고 화장을 했는데 오히려 피부를 상하게 해서 치료를 받아야 하는 경우도 있었어요. 화장품의 유해성과 부작용에 대한 생각보다 화장을 하고 싶은 마음이 더 컸기 때문이에요.

화장품을 구입할 때는 꼭 자신의 피부와 맞는지 성분을 살펴볼 필요가 있답니다. 자신을 가꾸기 위해 사용한 화장품이 오히려 피부와 건강에 피해를 줄 수 있다는 점을 기억해야 해요.

여러분은 어떤 기준을 가지고 화장품을 선택하고 있나요? 나의 화장품 선택 습관에는 어떤 특징이 있는지 한번 살펴볼까요.
문항을 읽고 자신에게 해당하는 내용에 √ 표시를 해 보세요.

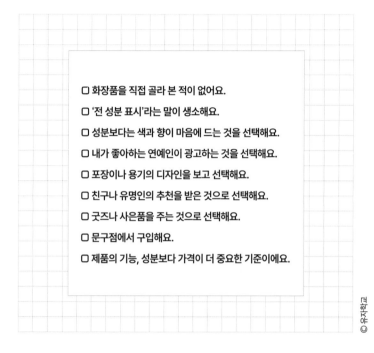

☐ 화장품을 직접 골라 본 적이 없어요.

☐ '전 성분 표시'라는 말이 생소해요.

☐ 성분보다는 색과 향이 마음에 드는 것을 선택해요.

☐ 내가 좋아하는 연예인이 광고하는 것을 선택해요.

☐ 포장이나 용기의 디자인을 보고 선택해요.

☐ 친구나 유명인의 추천을 받은 것으로 선택해요.

☐ 굿즈나 사은품을 주는 것으로 선택해요.

☐ 문구점에서 구입해요.

☐ 제품의 기능, 성분보다 가격이 더 중요한 기준이에요.

© 유자학교

2

화장품을 구입할 때
주의해야 할 점이
있다고요?

1
화장품 용기 및 포장 겉면에
중요한 정보가 있다고요?

화장품 포장 겉면이나 용기를 자세히 본 적이 있나요? 이곳에는 여러분이 사용할 화장품의 중요한 정보가 담겨 있답니다. 이 정보를 읽으면 눈이 아플 수도 있어요. 빽빽하게 무수히 많은 내용이 쓰여 있거든요. 과연 무슨 내용일까요?

화장품 겉면에 쓰인 정보들은 소비자들의 안전과 건강을 위해 표시되는 것이에요. 이 정보에는 화장품에 들어 있는 모든 성분을 비롯해 화장품을 만든 제조일과 바코드, 회사 이름, 용기 재활용 방법, 사용 방법, 제조원, 주의 사항 등등 많은 내용이

담겨 있답니다. 정보가 너무 많아서 오히려 잘 보이지 않는 경우도 있어요. 이런 정보가 있는지 아예 모르는 사람도 많습니다.

화장품을 만든 제조일과 사용 방법, 주의 사항을 넣는 것은 당연한 것 같은데, 왜 화장품을 만든 성분들을 표시하는 것일까요?

화장품을 만든 전체 성분을 표시하는 것을 '전 성분 표시'라고 합니다. 우리나라에서 화장품 전 성분 표시제를 도입한 것은 2008년도부터입니다. 이전에는 화장품에 들어가는 성분을 지금처럼 표시하지 않았답니다. 전 성분 표시를 하게 된 것은 국내 소비자들이 안전한 화장품 사용을 위해 요청했기 때문이에요. 유럽이나 미국 등에서는 이미 시행하고 있었거든요.

전 성분 표시를 하는 것은 화장품을 쓰면서 부작용 등이 생겼을 때, 그 원인을 찾을 수 있게 하고 안전한 제품을 살 수 있도록 도와줍니다. 화장품 전 성분 표시제는 화장품을 만드는 데 사용된 모든 성분을 제품에 표시함으로써 소비자의 기본적 권리를 보장해 주는 제도입니다. 덕분에 우리는 자신의 피부에 문제가 되는 성분이 들어 있지는 않은지 확인할 수 있게 되었습니다.

전 성분 확인과 함께 화장품을 구입한 후에는 꼭 '사용 시 주의 사항'을 꼼꼼하게 읽어 보면 좋겠습니다. 특히 제조일과 사용 기한을 확인하는 것이 중요하답니다. 아무리 좋은 화장품이라고 해도 사용 기한이 지난 제품은 미생물 감염 등으로 인해 색과 향이 변해 피부나 건강에 해를 주기 때문이에요. 화장품을 다 사용하고 난 뒤 용기 재활용을 어떻게 해야 하는지에 대한 정보도 꼭 확인해 보세요.

2

화장품 성분들을
어떻게 알아볼 수 있을까요?

전 성분 표시제는 화장품에 사용된 모든 성분을 제품에 표시하여 소비자가 알 수 있도록 하는 제도예요. 그런데 성분 표기는 어떤 순서로 하는 것일까요?

전 성분 표시제로 화장품 성분을 모두 확인할 수 있어 좋기는 하지만 워낙 많은 성분이 있어서 막상 살펴보기 어려운 점도 있답니다. 이때 눈여겨볼 것은 성분 중 제일 앞쪽에 있는 것들을 정하는 기준이에요. 화장품 전 성분을 공개할 때는 화장품에 들

[효능·효과] 피부의 주름개선에 도움을 준다.
[용법·용량] 본품 적당량을 취해 피부에 골고루 펴 바른다.
[전성분] 정제수, 하이드로제네이티드폴리아이소부텐, 글리세린, 부틸렌글라이콜, 카프릴릭/카프릭트라이글리세라이드, 세테아릴알코올, 해바라기씨오일, 폴리글리세릴-3메틸글루코스다이스테아레이트, 합성비즈왁스, C12-16알코올, 푸시디움 코식네움발효여과물(8,500ppm), 클로렐라불가리스추출물, 비피다발효여과물, 락토바실러스발효물, 락토바실러스발효용해물, 펜틸렌글라이콜, 피토스테릴/이소스테아릴/세틸/스테아릴/베헤닐다이머디리놀리에이트, 팔미틱애씨드, 하이드록시에틸아크릴레이트/소듐아크릴로일다이메틸타우레이트코폴리머, 하이드로제네이티드레시틴, 판테놀, 글루코오스, 하이드록시아세토페논, 프룩토올리고사카라이드, 프룩토오스, 스테아릭애씨드, 1,2-헥산다이올, 에틸헥실글리세린, 아데노신, 세라마이드엔피, 카프릴릴글라이콜, 토코페롤, 잔탄검, 다이소듐이디티에이
[사용할 때의 주의사항] 가. 화장품 사용 시 또는 사용 후 직사광선에 의하여 사용 부위가 붉은 반점, 부어오름 또는 가려움증 등의 이상 증상이나 부작용이 있는 경우에는 전문의 등과 상담할 것. 나. 상처가 있는 부위 등에는 사용을 자제할 것. 다. 보관 및 취급 시 주의사항 1) 어린이의 손이 닿지 않는 곳에 보관할 것 2) 직사광선을 피해서 보관할 것

어간 함량이 많은 성분을 앞에 표시하거든요. 함량이 적더라도 주의 깊게 보아야 할 성분이 있으므로 뒤쪽에 적힌 성분까지 확인하세요.

화장품 전 성분 표시를 살펴보면 우리가 모르는 화학 성분이 많이 있습니다. 용어 또한 매우 낯설고 어려워서 성분이 좋은지, 나쁜지 파악하는 것이 쉽지 않아요. 이럴 때에는 도움받을 수 있는 사이트(화장품 성분 사전 www.kcia.or.kr/cid)나 앱 등을 이용할 수 있어요.

화장품 전 성분 표시를 이해하는 데 도움이 되는 앱 중에 대표적으로 '화해'가 있습니다. 이 앱에서는 EWG 등급, 20가지 주의 성분, 알레르기 유발 주의 성분에 대한 정보를 제공하고 있어요. EWG 등급은 미국 비영리 사회 단체인 환경실무단(EWG: Environmental Working Group)에서 만든 성분 안전성 평가 시스템을 말해요. 20가지 주의 성분은 『대한민국 화장품의 비밀』이라는 책에서 소개한 가장 피해야 할 성분이랍니다. 화해에서는 여러 나라의 정부 자료와 연구 자료를 바탕으로 위험도를 표시해 줍니다.

알레르기 유발 주의 성분 25가지는 우리나라 식품의약품안전처에서 알레르기를 일으킬 수 있어 주의하도록 표시를 권장

한 성분이에요. 이런 성분이 무조건 피해야 하는 성분은 아니랍니다. 해당 성분에 대해 알레르기 반응이 일어나는 사람만 피하면 됩니다. 복숭아 알레르기나 호두 알레르기가 있는 사람이 복숭아와 호두를 먹지 않는 것처럼 이런 성분이 들어간 제품을 피하면 되는 것이에요.

EWG 등급, 20가지 주의 성분, 알레르기 유발 주의 성분이 없다고 해서 안전한 화장품이라는 뜻은 아니에요. 아직 위험성이 확인되지 않은 성분이 포함되었을 수도 있으니, 항상 주의를 기울여야 해요.

3

화장품 성분 중
제일 많은 건 무엇일까요?

전 성분 공개로 인해 수많은 성분들이 표시되어 복잡해 보이기는 하지만 신기하게도 대부분의 화장품은 주요 성분이 크게 다르지 않습니다. 들어가는 함량이 큰 순서로 성분을 앞에 표시하는데, 거의 물(정제수)이 제일 앞에 있답니다. 어떤 원료가 어느 비율로 들어가는지에 따라 화장품 제품이 달라집니다.

우리가 주로 사용하는 기초화장품의 성분은 크게 9가지로 이뤄집니다.

•물(정제수) •유성 원료 •보습제 •점증제 •색소 •착향제 •효능 원료
•계면활성제 •보존제

'물'은 보통 전 성분 표시를 보면 '정제수'라고 적혀 있는 걸 말합니다. 제품의 10퍼센트 이상을 차지합니다.

'유성 원료'는 피부의 수분 손실을 조절하면서 흡수력을 좋게 합니다. 대표 성분은 오일류나 왁스류, 고급 지방산류, 고급

전 성분 정제수, 다이소듐코코암포다이아세테이트, 소듐코코일알라니네이트, 글리세린, 다이소듐2-설포라우레이트, 아크릴레이트/C10-30알킬아크릴레이트크로스폴리머, 소듐클로라이드, 라우릴하이드록시설테인, 소듐메틸코코일타우레이트, 녹차수(10,088 ppm), 연꽃씨추출물, 1, 2-핵산다이올, 카프릴릴글라이콜, 트로메타민, 소듐시트레이트, 헥실렌글라이콜, 토코페롤, 부틸렌글라이콜, 향료

알코올류, 에스테르류, 실리콘류 등이 있습니다.

'보습제'는 건조하고 각질이 일어나는 피부를 진정시키고 피부를 부드럽고 매끄럽게 만들어 줍니다. 흡수성이 높은 수용성 물질입니다. 전 성분 표시에 글리세린이나 프로필렌글라이콜, 부틸렌글라이콜, 폴리메틸렌글라이콜, 솔비톨, 히알론산나트륨 같은 것들이 바로 그 보습제에 해당합니다.

'점증제'는 점도를 유지하고 제품의 안정성을 유지하기 위해 기초화장품에 거의 빠짐없이 들어갑니다. 대표 성분은 구아검, 크산탄 검, 젤라틴, 메틸셀룰로오스, 알긴신염, 폴리비닐알코올, 벤토나이트 등이 있습니다.

'색소'는 파운데이션이나 아이섀도처럼 제품의 색을 내는 성분으로 크게 타르 색소, 천연 색소, 무기 안료로 나뉩니다.

'착향제'는 향을 내는 성분입니다. 무향료도 제품에만 향료를 첨가하지 않은 것이다 보니 원료 자체의 향이 날 수 있습니다. 무향 제품은 향을 없앤 제품으로 원료의 향을 없애는 향료를 쓰기도 합니다.

미백이나 주름 개선, 탄력감 등을 올리는 특정 기능을 하는 성분은 '효능 원료'라고 부릅니다. 피부에 문제를 일으키지 않으면서 최대한 효능을 낼 수 있는 정도의 적정량을 사용하게끔 식약처에서 관리 감독하고 있답니다.

'계면활성제'는 물과 기름처럼 섞이기 어려운 것들을 섞이게 하는 물질입니다. 물과 기름이 잘 섞이게 하는 유화제, 소량의 기름을 물에 녹게 하는 가용화제, 고체 입자를 물에 균일하게 분산시키는 분산제, 이밖에 습윤제와 기포제, 소포제, 세정제 등이 있습니다.

'보존제'는 화장품을 개봉한 후 미생물에 의한 변질을 막기 위해 사용되는 물질입니다. 국내에서 사용 가능한 보존제는 60여 종으로 배합 한도가 정해져 있습니다. 대표 성분은 파라벤, 이미다졸리디닐우레아, 페녹시에탄올, 페노닙 등이 있습니다.

이제부터 기초화장품을 구입할 때 위에 열거한 9가지 원료를 확인해 보고 내가 쓰는 제품, 혹은 구매할 제품이 어떤 성분을 담고 있는지를 살펴보면 좋겠습니다.

4
성분 함량도 공개해서
안전과 소비자의 알 권리를 높이자고요?

전 성분 표시제라고 해서 모든 성분이 다 표시되는 것은 아니랍니다. 화장품을 만드는 과정에서 사용되기는 했지만, 중간에 제거되어 최종 제품에는 남아 있지 않은 경우가 있습니다. 그런 성분은 표시되지 않습니다. 또 보존제, 안정화제 등 원료 자체에 들어 있는 부수 성분으로서 그 효과가 나타나게 하는 양보다 적은 양이 들어 있는 성분은 표시·기재를 생략할 수 있습니다.

내용량이 10밀리리터 초과 50밀리리터 이하 또는 중량이 10그램 초과 50그램 이하 화장품의 포장인 경우에는 타르 색소, 금박, 샴푸와 린스에 들어 있는 인산염, 과일산, 기능성 화장품의 효능·효과를 나타나게 하는 원료, 식품의약품안전처장이 고시한 사용 한도 성분을 제외한 나머지 성분은 생략할 수 있습니다. 내용량이 10밀리리터 이하 또는 10그램 이하인 화장품의 포장의 경우와 견본품에는 성분의 기재와 표시를 생략할 수 있습니다.

성분을 잘 확인하고 구매해야 하는 해외 화장품들.

현재 우리나라에서 판매되고 있는 화장품은 거의가 전 성분은 표시되어 있지만 각각의 성분이 얼마나 들어 있는지 함유량을 표시한 경우는 아주 적습니다. 화장품 성분 함량 공개는 기능성 화장품이나 인체 세포·조직 배양액이 들어 있는 경우 등을 제외하고는 강제 사항이 아니기 때문입니다. 현재는 시장과 정부 기관에만 맡겨진 상황입니다.

이렇게 전 성분 표시제에서 모든 성분의 함량 표시가 의무 사항이 아니어서, 20가지 주의 성분이 얼마나 화장품에 포함되어 있는지 소비자는 알 수 없답니다. 특정 성분이 들어간 제품을 사용하면 피부가 민감해지고 부작용이 생기더라도 그 원인을 정확히 찾을 수 없습니다. 그래서 최근에는 화장품 성분에 대한 함량을 공개하자는 주장이 많아지고 있답니다. 성분 함량을 공개해 안전성을 강화하고 소비자의 기본적 알 권리를 높이자는 것입니다.

제품을 사용하는 소비자들이 성분 관련 정보를 모르는 것은 문제입니다. 화장품 시장과 정부만 믿고 제품을 구매해야 하는 상황은 바람직하지 않습니다. 소비자의 안전을 강화하기 위해 주의 성분만이라도 함량을 공개할 필요가 있답니다.

최근 온라인을 통해 해외 화장품을 직접 구매하는 경우도 많은데, 이때 유의할 필요가 있습니다. 국내에서 판매되는 똑같은 제품이라도 해외 화장품은 그 나라 법률에 따라 제품 성분과 함량이 다를 수 있기 때문입니다. 해외 '직구'를 할 경우, 더욱 성분을 잘 확인하고 구매해야 한답니다.

3

화장에 관련된
숨겨진 이야기가
있다고요?

1

강요된 아름다움에
모델이 목숨을 잃었다고요?

모델하면 어떤 생각이 드나요? 큰 키에 아름답고 멋진 모습의 사진이나 광고 등이 떠오르지 않나요. 유럽의 유명 모델이자 배우가 특별한 광고를 촬영했답니다. 과연 어떤 광고일까요?

광고의 주인공은 세계적으로 유명한 모델이자 배우인 이사벨 카로입니다. 이사벨 카로는 키가 165센티미터였는데 몸무게가 겨우 30킬로그램 정도밖에 되지 않은 앙상한 모습으로 거식증을 반대하는 광고를 촬영했습니다. 도대체 왜 이런 광고를 만든 것일까요?

오랫동안 모델은 날씬함을 강요받으며 마른 몸매를 유지해야 무대에 오를 수 있었습니다. 사람들도 으레 모델 하면 날씬하다고 생각했어요. 그런데 이런 강요된 아름다움에 대한 생각들과 관행이 사람의 목숨마저 앗아 가고 있었답니다.

이 광고에서 모델은 '거식증 반대'라는 제목 아래 깡마른 전신을 드러낸 채 안쓰러운 눈빛으로 누군가를 바라보고 있었습

French Model Who Suffered from Anorexia Dies at 28

BY SARA HAMMEL
Wednesday December 29, 2010 04:05 PM EST

French model and actress Isabelle Caro, whose anorexia-ravaged body was featured in a shocking 2007 advertising campaign, has died.

The young woman's acting coach, Daniele Dubreuil-Prevot, revealed Caro died on Nov. 17, at the age of 28, according to reports. She had just returned to France after doing a job in Tokyo.

While Dubreuil-Prevot, Caro's longtime teacher, said she didn't know the cause of death, she spoke of Caro's battle with anorexia, adding that her student – who said she suffered from the illness since she was 13 – "had been sick for a long time."

Isabelle Caro
Ernesto Ruscio/Getty

미국의 연예 주간지
《피플》에 실린 이사벨 카로
(28세)의 사망 기사.

니다. 무리한 다이어트를 강요한 유럽을 비롯한 세계 패션계와 사회에 메시지를 전하고자 했어요. 안타깝게도 광고 촬영 이후 이사벨 카로는 다이어트 후유증으로 생긴 거식증으로 건강을 회복하지 못하고 숨을 거두었습니다. 비슷한 시기 브라질의 여성 모델 역시 같은 이유로 목숨을 잃었습니다. 이런 일들이 연이어 일어나면서 패션쇼나 촬영 등을 위해 모델들에게 무리한 다이어트를 강요하지 못하게 하자는 캠페인이 이어졌답니다.

프랑스와 스페인, 이탈리아 등의 패션쇼 무대에서는 저체중 모델들이 더 이상 무대에 서지 못하게 제도를 바꾸었습니다. 프랑스 정부에서는 2017년부터 모델들에게 건강 관련 의사 진단서와 체질량지수(BMI) 자료를 의무적으로 받는 법을 시행 중이랍니다.

무리한 다이어트는 신경성 식욕부진증, 즉 거식증으로 이어집니다. 거식증에 걸리면 체중 증가와 비만에 대해 극심한 두려움을 느끼는 증상을 보입니다. 지나치게 음식 섭취를 제한하게 되고 이는 주기적인 폭식으로 이어집니다. 이 과정에서 식욕부진증이 심해지면 최소한의 정상 수준에도 못 미치는 저체중이나 대인관계 장애, 우울증이 생기기도 합니다. 심한 경우 합병증을 유발해 사망에 이를 수도 있답니다. 결국 이사벨 카로 등 수많은 모델과 여성들이 이런 이유로 건강을 해치고, 심지어 목숨마저 잃은 것이랍니다.

모델만 이런 어려움을 겪는 것은 아닙니다. 사회적으로 많은 여성들이 다이어트를 강요당하고 있거든요. 날씬하다 못해 바짝 마른 몸매를 추구하는 사회적 분위기가 여전히 크기 때문입니다. 2024년 질병관리청이 발표한 「우리나라 성인의 체질량지수 분류에 따른 체중 감소 시도율 및 관련 요인」이라는 논문 자료의 국민건강영양조사 분석 결과에 따르면, 체중이 정상이거나 정상보다 못한 20대 여성 2명 가운데 약 1명이 다이어트를 한다고 합니다. 2021년 기준으로 저체중이거나 정상 체중인 19~29세 여성 가운데 체중 감량을 시도한 비율은 46퍼센트로 나타났습니다.

특히 이 연령대 여성 6~7명 중 1명(15.1퍼센트)이 체질량지수 18.5 미만으로 저체중 상태였는데, 그럼에도 이들 가운데 16.2 퍼센트가 다이어트를 시도했습니다. 같은 연령대에서 정상 체중(체질량지수 18.5~23 / 전체의 55.8퍼센트)임에도 다이어트를 시도한 사람은 53.9퍼센트로 절반을 웃돌았습니다. 논문에서는 마른 체형을 선호하며 무분별한 체중 조절을 유도하는 사회문화적 분위기 때문에 젊은 여성이 자신의 체형을 과대 인식하는 비율이 높다고 분석했어요.

SNS 등에서는 헬스나 필라테스 등을 통해 단련한 건강한 몸이 주목을 받기도 하지만, 연예인이나 유명인의 날씬한 몸매를 부러워하는 게시물이나 의견 들을 쉽게 마주하곤 합니다. 심지어 최근에는 아예 아무것도 먹지 않는 극단적인 다이어트를 추천하는 유튜브 콘텐츠가 큰 인기를 얻기도 했습니다.

하지만 이와 같은 무리한 다이어트는 신체적, 정신적 건강에 심각한 위험을 초래할 수 있습니다. 특히, 성장기 청소년에게 무리한 다이어트는 더욱 건강에 좋지 않습니다. 지나친 다이어트로 건강한 성장을 하지 못하면 성인기에 골다공증이나 빈혈, 생리 불순 등이 올 수도 있거든요. 또한 다이어트에 너무 집착하면 정서적 문제뿐 아니라 거식증까지 생길 수 있습니다. 다른 사람에게 날씬한 몸매를 뽐내려다가 건강을 해쳐서는 안 되겠지요.

해외에서는 지나치게 마른 연예인과 모델 들이 패션쇼나 방송에 나오는 것을 막고 있답니다. 외모지상주의로 건강을 해치는 사람들을 막기 위해서입니다. 사회적으로 강요된 아름다움에 휘둘리지 말고 건강하게 생활하면서 아름다움을 만들어 가면 어떨까요?

2
안티 미스코리아 대회가
있었다고요?

예전에는 우리나라에서 미스코리아 선발 같은 미인대회가 TV에서 생중계되고 사람들 사이에 큰 인기를 끌었습니다. 그런데 최근에는 미스코리아 대회 중계가 사라지고, 미인대회를 새롭게 살피는 움직임이 많아졌어요. 도대체 왜 그런 것일까요?

　미인대회에서는 아름다운 사람을 뽑습니다. 그런데 이때 아름다움의 기준은 무엇이었을까요? 날씬한 몸매, 큰 눈, 하얀 피부, 예쁜 얼굴 등등 다양한 것이 있을 수 있습니다. 하지만 세상에는 다양한 아름다움이 존재합니다. 어떤 사람은 키가 크고 마른 몸이 아름답다고 생각할 수 있지만, 또 다른 사람은 건강하고 탄탄한 몸매가 더 멋지다고 생각할 수 있어요. 아름다움은 하나의 기준만으로 판단할 수 없기 때문입니다. 사람들 저마다의 생김이 다르듯 아름다움을 느끼는 것은 다양할 수 있어요.

　하지만 미스코리아 같은 미인대회에서는 참가자의 몸매 사

1957년 열린
제1회 미스코리아 대회 포스터.

이즈를 밝히고, 수영복 심사를 하는 등 남성의 시각에서 여성
의 몸을 상품화하는 등의 문제가 있었습니다. 외모를 지나치게
강조하는 것도 큰 문제였습니다. 이에 이런 미인대회에 반대하
면서 새로운 여성미의 기준을 마련하기 위해 안티 미스코리아
대회가 만들어졌답니다.

1999년 5월 15일에 제1회 안티 미스코리아 대회가 열렸어
요. 여성의 외모만을 기준으로 삼던 기존의 미스코리아 대회와

는 달리 다양한 사람들이 대회에 참여했어요. 참가자들은 저마다 노래·연기 등을 나누며 경쟁이 아닌 축제의 장을 만들었어요. 이후 제2회 대회에서는 여성들에게 몸매와 치수 제한을 강요하는 것에 항의하면서 "이프 유 아 프리사이즈!(If you are free size!)"를 슬로건으로 내걸었습니다. 참가 자격은 대회 취지에 공감하는 남녀노소 누구나이고, 키가 155센티미터 이하이거나 77사이즈 이상의 옷을 입는 여성도 참가했습니다. 89세 할머니와 10세 여자 어린이, 장애 여성, 일본군 '위안부' 피해자 등이 함께하면서 행복한 축제가 되었습니다.

제3회 대회는 "직업의 경계를 넘어"라는 주제를 내세우고 개최되었어요. 여기에는 남자 간호사, 여성 버스 운전기사, 유아 교육 전공 남학생 등이 참여하기도 했어요. 사회적 약자의 인권을 드러내면서 다양한 문화를 존중하는 생각을 틔워 주었습니다.

2002년 한·일 월드컵대회를 앞두고는 "운동하는 여자가 아름답다"는 주제로 열려, 그동안 '운동'과 '운동장'에서 소외됐던 여성들의 많은 공감을 끌어냈습니다. 2003년 대회에서는 미국의 이라크 침략 전쟁에 반대하며 반전과 평화 그리고 여성, 어린이와 함께하는 세계시민으로서의 역할을 보여 주었습니다.

이와 같은 노력들이 이어지면서 큰 변화가 생겼습니다. 무엇보다 1957년에 시작해 여성의 아름다움을 평가하는 최고 기준으로 여겨진 미스코리아 대회 중계방송을 2002년부터는 지상파 3개 방송국에서 하지 않게 되었거든요. 더불어 미스코리아 대회에서 수영복 공개 심사도 폐지하게 되었답니다.

안티 미스코리아 대회는 지금은 더 이상 진행하지 않습니다. 하지만 그 덕분에 다양한 기준으로 아름다움을 살피고 더불어 함께 살아가는 삶을 고민해 볼 수 있었습니다. 아름다움을 하나의 기준으로만 보지 말고, 다양한 시선으로 살펴보면 좋겠어요.

3
분홍색이
남자의 색이었다고요?

아름답고 예쁘다고 생각하는 것은 저마다 다를 수 있어요. 사람에 따라서 또는 문화와 역사에 따라 그 기준이 달라질 수 있기 때문이에요. 여자는 이래야 해, 남자는 이래야 해 같은 고정관념도 바꿔 볼 필요가 있답니다.

어린이들이 좋아하는 색상과 물건 들은 사실 사회가 만들어 낸 생각일 수 있거든요. 여자아이는 분홍색, 남자아이는 파랑색을 좋아한다는 것이 신기하지 않나요? 여자아이 중에는 분홍색이 아니라 다른 색을 좋아하는 아이가 얼마든지 있습니다. 물론 남자아이 역시 파란색만이 아닌 다른 색을 좋아할 수도 있고요. 실제로 서양에서 19세기까지는 분홍색이 남자를 상징하는 색이기도 했어요.

색깔뿐 아니라 성별에 대한 고정관념은 '남자는 이래야 해.', '여자는 이래야 해.'라는 방식으로 강요되곤 합니다. 남자는 울지 않고 강해야 하고, 여자는 얌전해야 한다는 등의 잘못된 생각입니다. 사람은 저마다 성격이나 취향이 다릅니다. 남자와 여자의 대표적 특성으로 이야기하는 것들은 사회와 문화에 따라서 얼마든지 달라질 수 있는 것이랍니다. 그런데도 고정관념으로 남자와 여자의 역할을 제한하는 것은 오늘날 사회에서는 바람직하지 않습니다.

이런 변화는 아이들이 가지고 노는 인형 등에서도 잘 나타나고 있습니다. 예전에는 성별로 정해진 인형들이 있었습니다. 인형 중 여자 인형은 항상 금발에 날씬한 몸매를 지닌 모습들이 많았답니다. 하지만 최근에는 다양한 인종과 체형 그리고 휠체어를 탄 인형, 청각 장애를 가진 인형 들도 나오기 시작했습니다. 다양한 사람들의 개성을 나타낸 인형을 통해 어린이들이 서로 다른 사람들을 이해하고 존중하기 위한 바탕을 마련하기 위해서랍니다.

이런 변화는 놀이터에도 나타나고 있답니다. 예전 놀이터는 아이들이 놀기 좋게 만든 곳이기는 하지만, 몸이 불편한 친구들은 접근조차 어려웠어요. 이와 같은 문제를 해결하기 위해 최근에는 무장애 통합놀이터가 많아지고 있답니다. 휠체어를 타고도, 몸이 불편해도 누구나 함께 이용할 수 있는 놀이터가 생긴 것입니다. 이렇게 성별, 언어, 장애, 나이 등으로 인해 제약받

무장애 **통합놀이터의 모습.**

지 않도록 제품을 설계하는 것을 유니버설 디자인이라고 합니다.

　고정관념을 유쾌하게 깨부수는 이런 사례들이 생활 곳곳에 더 많아지면 좋겠습니다. 더 많은 사람들이 선입견을 깨고 새로운 사회적 상상력을 함께 만들어 가면 좋겠습니다.

4
안경을 쓰면
뉴스 진행을 못 했다고요?

여성 아나운서가 안경을 쓴 것이 큰 화제가 된 적이 있습니다. 시력이 좋지 않으면 안경을 쓰는 것은 당연한 일이에요. 하지만 오랫동안 우리나라 방송 뉴스에서 남성 아나운서는 안경을 써왔지만, 여성 아나운서는 안경을 쓰지 않았어요. 이로 인해 여성 아나운서가 안경을 쓰고 뉴스를 진행한 것만으로도 큰 화제가 되었어요. 사람들은 '안경을 쓴 것 자체가 신선하다', '낯설다', '어색하다' 등등 다채로운 반응을 보였어요.

당시 해당 아나운서는 많은 이들에게서 응원의 메시지를 받았다고 합니다. 그동안 외모를 위해 안경을 벗고 지내야 했던 이들로부터 공감을 샀고 유독 여성에게만 강력하게 작용하는 외모지상주의를 깨뜨린 신선한 충격을 주었기 때문이에요. 하지만 왜 안경을 쓰고 뉴스를 진행하느냐고 볼멘소리를 한 사람도 있었답니다. 그만큼 여성에게 제한된 고정관념이 있었기 때문입니다.

안경을 쓰고 뉴스를 진행한 아나운서의 모습(2018년 4월).

　　항공사 승무원들의 복장과 화장도 많이 달라졌습니다. 예전에는 항상 정해진 치마와 화장을 필수로 해야만 했어요. 하지만 이제는 승무원들이 승객들의 안전과 편의를 위해 치마 대신 바지를 입으며 일할 수 있게 하고, 지나친 화장과 복장 규정을 바꾸는 곳들이 많아지고 있습니다. 이런 부분은 승무원뿐 아니라 승객들에게도 도움이 된답니다. 항공기에서 긴급 상황이 발생했을 때 치마보다 바지 복장을 했을 때 더 효율적으로 움직일 수 있기 때문이에요.

　　하지만 여전히 화장을 강요하는 등 외모지상주의는 아직 우리 사회에 뿌리 깊이 박혀 있답니다. 우리나라에서는 직장 여성들이 화장을 하지 않고 '생얼'로 출근하는 경우는 많지 않습니다. 화장이 필수인 것처럼 되어 출근길 지하철이나 흔들리는 버스를 타고 이동하는 상황에서도 화장을 하는 경우를 흔히 볼 수 있습니다. 여성들은 출근 전 외모를 꾸미기 위해 시간과 노력을 많이 들이고 있습니다. 이를 꾸밈 노동이라고도 합니다. 스스로 원해서 하는 것이 아니라 출근 전 화장을 하고, 머리를 손질하고 옷을 고르는 등등의 활동이 하나의 일로서 다가서는 것이거든요.

취업을 위해서도 외모를 가꿔야 한다는 압박이 높습니다. 얼굴(face)과 스펙(spec)을 합친 '페이스펙'이라는 말까지 나올 정도로 많은 취업 준비생에게 외모는 곧 스펙입니다.

이런 사회적 분위기로 인해 우리나라는 인구 대비 세계에서 가장 많은 성형 수술이 이뤄지고 있다고 합니다. 일 년에 약 65만 건이나 된다고 해요. 꾸밈 노동과 외모지상주의로 인해 불필요하게 힘든 과정을 겪고 있습니다. 이제 우리 사회도 일 자체에 집중하면서 건강하게 지낼 수 있는 방안을 모색해 보면 어떨까요?

5

10대들의 SNS 사용 금지 법안과
화장이 관계가 있다고요?

여러분, 혹시 SNS를 사용하면서 친구들과 소통하거나 재미있
는 콘텐츠를 본 적이 있나요? 요즘 많은 10대들이 SNS를 사용
하고 있어요. 그런데 최근 몇 년 동안, 전 세계적으로 여러 나라
에서 10대들의 SNS 사용을 제한하는 법안이 도입되고 있어요.
왜 그럴까요?

SNS에서는 많은 사람들이 자신의 모습과 활동을 공유하지
요. 사진, 옷, 화려한 화장 등 다양한 모습들이 올라옵니다. 그
런데 이런 모습들을 보면서 10대들이 스스로와 비교하게 됩니
다. '왜 나는 저렇게 멋지고 예쁘지 않을까?'라는 생각을 하는
경우도 종종 있습니다. 이런 상황이 잦아지면 점차 자존감이
낮아지면서 외모에 많은 신경을 쓰게 됩니다. 이로 인해 무리한
다이어트나 성형 수술 등을 고민하고 실제로 하기도 합니다.

SNS를 통해 보이는 다른 사람들의 멋진 삶에 비해 자신의
삶이 작고 초라하게 느껴질 수도 있습니다. 이런 감정이 쌓이면

다른 사람들과 활동을 공유하는 소셜 미디어.

불안감이 커지면서 우울증에 걸리거나 심지어 극단적인 선택을 하는 경우도 있어요. 실제로 2019년 10월, 인스타그램 등 SNS가 10대들의 정신 건강에 부정적 영향을 준다는 결과가 메타(인스타그램을 운영하는 회사) 내부 연구진의 폭로로 밝혀졌답니다. 특히 사회적 비교, 사회적 압박, 다른 사람들과의 부정적 상호 작용 등이 큰 문제가 된다고 지적했어요.

　미국에서는 10대 청소년의 SNS 피해 사례가 자살 등을 포함해 언론에 지속적으로 보도되고 있었어요. 하지만 해당 기업은 자신들 경영에 불리할까 봐 이런 사실을 감춰 온 것입니다.

직원의 양심적인 공개로 이와 같은 사실이 알려지자, 사회적으로 큰 비난을 받고 경영진은 미국 연방 의회 청문회에 나가서 사과를 했습니다.

청문회를 시작으로 미국 연방 의회와 10여 개 주에서 SNS 이용과 관련해 청소년을 보호하기 위한 다양한 규제 조치를 담은 법이 논의되고 뉴욕주를 시작으로 관련 법이 만들어지게 되었습니다. 캘리포니아주에서는 2022년, 코네티컷주에서는 2023년에 게시물의 연령 적합성을 표시할 의무를 SNS 회사에 부과했습니다. 10대 청소년에게 적합하지 않은 게시물을 회사가 통제해야 한다는 내용입니다. 플로리다주는 더 강력한 법을 통과시켰어요. 14세 미만 청소년의 SNS 접근을 원천 금지하고, 15~16세 청소년은 부모의 동의가 있어야만 사용할 수 있도록 했습니다.

호주에서도 16세 미만의 청소년들이 부모의 동의 없이 SNS를 사용할 수 없도록 하는 법안이 통과되었어요. 이 법안은 틱톡, 페이스북, 인스타그램 등 다양한 SNS 플랫폼에 적용됩니다. 만약 16세 미만의 청소년이 부모의 동의 없이 SNS를 사용하면, 해당 플랫폼은 큰 벌금을 물게 했습니다. 이 법안은 청소년들이 SNS를 통해 받는 부정적인 영향을 줄이기 위해 만들어졌어요. 유럽 여러 나라에서도 이런 법안을 만들려고 하고 있어요. 우리나라도 마찬가지이고요. 이런 법안들의 목적은 청소년들의 정신 건강을 보호하고, 안전한 온라인 환경을 만드는 데 있습니다.

세계 여러 나라에서 이런 법안이 만들어지면서 SNS 기업들도 변하기 시작했어요. 틱톡은 '뷰티 필터' 기능에 연령 제한을 두어 18세 미만 이용자의 사용을 금지하기로 했습니다. 뷰티 필터는 영상을 찍을 때 매끄러운 피부, 긴 속눈썹, 날씬한 얼굴형 등의 미용 효과를 적용하는 기능으로 청소년의 외모지상주의를 부추긴다는 비판을 받아 왔거든요. 이 기능을 쓰는 10대들이 완벽한 외모를 갖지 못했다는 불안감이나 자존감 저하를 호소하는 사례가 많았습니다.

SNS는 다양한 정보와 소식을 나누며 함께하는 장점도 많지만 이처럼 문제 역시 많답니다. 정상적인 생활을 힘들게 할 정도로 SNS의 영향력이 크기 때문입니다. 이로 인해 세계 여러 나라에서는 10대의 SNS 사용 문제를 두고 새로운 해법을 모색하고 있답니다. 어떻게 이 문제를 풀어 가면 좋을지 함께 생각해 보면 좋겠습니다.

6
야구 선수도
화장을 한다고요?

화장은 주로 누가 할까요? 대개 화장이라고 하면 여성을 먼저 떠올리곤 하죠. 그런데 남성도 화장을 적지 않게 한답니다.

야구장에서 특별한 화장을 하는 사람들이 있습니다. 바로 포수와 투수입니다. 포수는 투수에게 사인을 잘 보이게 하기 위해 손톱에 흰색이나 노란색 매니큐어를 바릅니다. 눈에 잘 띄어야 하기 때문이에요. 투수들도 공을 던질 때 손톱이 부러지는 것을 막기 위해 매니큐어를 칠합니다. 또한 야구 선수들은 눈 밑에 검은 줄을 그리는 화장을 하곤 합니다. 햇빛이나 조명의 반사를 막기 위해서예요. 야구 경기를 볼 때 눈여겨보면 이런 흥미로운 장면들을 볼 수 있답니다.

군인들 역시 화장을 합니다. 바로 적으로부터 자신을 숨기기 위한 위장 화장이에요. 주변 환경과 조화를 이루기 위해 숲속에서는 녹색이나 갈색 계열로, 사막에서는 황토색 계열의 위장 화장을 합니다. 군에서 하는 위장 화장은 군사 작전 중 적에게 발견되지 않고, 생존율을 높일 수 있기 때문에 중요하답니다.

화장의 역사는 매우 오래되었습니다. 고대 이집트에서는 파라오와 귀족 들이 눈 주위에 검은색 가루인 콜을 발랐어요. 콜은 햇빛으로부터 눈을 보호하고, 감염을 예방하는 효과가 있었습니다. 콜은 태양의 신 라(Ra)를 상징하며 악령을 쫓는 역할도 했습니다.

로마 시대에는 귀족들이 피부를 하얗게 보이기 위해 분을 발랐는데, 이는 그들이 실내에서 생활하며 노동을 하지 않는다는 것을 과시하는 방법이었습니다. 이처럼 화장은 단순히 미용만을 위한 것이 아니라, 피부를 보호하기 위해서, 또 신분을 나타내기 위한 사회적 의미를 지니고 있었답니다.

오늘날 화장 역시 외모를 꾸미는 것뿐만 아니라 피부를 보호하고, 화장을 통해 자신을 표현하거나, 다양한 목적을 위해 이루어지고 있습니다. 인공지능 시대에 화장은 어떤 모습으로 이뤄질지 함께 생각해 볼까요.

콜로 만든 아이라이너를 사용한 모습을 보여 주는 이집트 왕비 네페르티티의 흉상.

4

화장품이
지구를
위협한다고요?

1
화장품 때문에
동물들이 아프고 많이 죽었다고요?

화장품 중에는 깡충깡충 뛰는 토끼 그림의 마크를 붙인 제품이 있습니다. '리핑 버니(Leaping Bunny)' 마크라고 하는데, 이 마크에는 숨겨진 사연이 있어요. 영어로 뛴다는 뜻의 '리핑'과 토끼를 뜻하는 단어 '버니'가 붙은 이 마크에 숨겨진 사연은 무엇일까요?

화장품은 많은 연구와 시험 끝에 만들어지고 최종적으로 소비자에게 판매하게 됩니다. 제품을 만들어서 바로 판매할 수 없답니다. 화장품 성분이 안전한지, 화장품 사용으로 인해 문제는 없는지 등등 다양한 사전 검사를 해야 합니다. 화장품 사용으로 부작용이 생기면 안 되기 때문입니다.

그래서 화장품 안전성 검사 과정에서 오랫동안 수많은 동물들이 희생되었습니다. 국제동물보호단체 페타(PETA)에 의하면 쥐, 개구리, 고양이, 토끼 등 연간 1억 마리 이상의 동물이 의학 교육·화학 약품 개발 그리고 화장품 실험 등을 위해 희생됩니

Cruelty Free
INTERNATIONAL 리핑 버니 마크.

다. 특히, 이 중에서 토끼는 대표적인 실험동물이었답니다. 토끼의 눈에 화장품 성분을 넣어 자극 반응을 관찰하거나, 피부에 발라서 알레르기 반응을 확인하였습니다. 화장품 안전성을 테스트하기 위해 토끼는 큰 고통을 겪어야 했었지요. 실험 과정에서 다치거나 심지어 죽는 경우도 많았고, 실험이 끝나면 대부분 안락사를 시켰답니다. 이런 사실이 알려지자 많은 사람들이 이와 같은 실험에 대해 문제를 제기했어요.

동물 실험은 화장품뿐만 아니라 의약품을 새롭게 만들 때도 필수 과정으로 오랫동안 이어져 왔습니다. 그래서 동물 실험을 하면서 생명의 소중함을 일깨우기 위해 1959년에는 동물 실험에 대한 중요한 원칙이 발표되었습니다. 첫째, 최소한의 동물 개체를 사용하라(Reduction). 둘째, 최소한의 고통을 주는 방식으로 하라(Refinement). 셋째, 가능하면 동물이 아닌 다른 방식으로 하라(Replacement). 바로 동물 실험을 하는 실험자가 지켜야 할 세 가지 윤리인 '3R 원칙'입니다. 또 영국 동물실험반대협회가 1979년 4월 24일을 '세계 실험동물의 날'로 제정했고 유엔이 공식 기념일로 지정하면서 동물 실험을 반대하는 목소리를 높여 왔습니다. 동물 실험을 대체할 수 있는 방법에 대한 고민이 이루어지고 더불어 다양한 실천이 이뤄지고 있습니다.

최근에는 과학기술의 발달로 동물 실험을 대체할 수 있는 다양한 기술이 개발되었습니다. 인공 피부나 컴퓨터 시뮬레이션을 통해 화학 물질의 안전성을 테스트할 수 있게 되었답니다. 이러한 기술들은 동물 실험보다 더 정확하고 효율적일 뿐 아니라, 동물들에게 고통을 주지 않아서 윤리적으로도 더 나은 방법입니다.

유럽연합(EU)에서는 2013년부터 화장품 원료에 대한 동물 실험을 전면 금지하고 동물 실험을 실시한 제품을 거래하지 못하게 법으로 정했습니다. 우리나라에서도 2017년부터 동물 실험 화장품의 유통과 판매를 금지했습니다. 이런 변화 속에서 '리핑 버니' 인증 제도가 도입되었어요. '리핑 버니' 마크는 화장품과 생활품의 완제품, 원료, 합성 원료에 대해 동물 실험을 하지 않은 제품이라는 것을 인증하는 마크입니다. 화장품 동물 실험에 쓰이는 대표적 동물인 토끼의 형상을 본떠서 만들었어요. 토끼가 더 이상 동물 실험으로 희생되는 것이 아니라 자연에서 마음껏 뛰어다닐 수 있게 하자는 뜻을 담았어요. 하지만 아직 세계적으로 화장품을 만드는 과정에서 동물 실험을 하는 경우가 많이 있습니다.

> "감정과 감각이 있는 생명체로서 실험에 희생이 된 실험동물을 위로하는 이 엄숙한 자리에서 모든 실험자와 함께 이들의 값비싼 죽음을 슬퍼하며, 이 세상에서 고귀한 빛과 소금의 역할을 한 실험동물의 영면(永眠)을 비옵니다."

해마다 '세계 실험동물의 날'이 되면, 동물 실험을 하는 연구소 등에서는 실험동물을 기리면서 위와 같은 조문을 읽고 생명의 소중함을 다시 한 번 생각해 본답니다.

2
세상에
예쁜 쓰레기가 있다고요?

"예쁜 쓰레기를 책임져라!"

"화장품 기업은 지구 환경을 지켜라!"

시민들이 화장품 회사 앞에 모여 외친 내용이에요. 시민들은 왜 수많은 화장품 용기와 팻말을 펼치면서 이와 같은 시위를

재활용이 어려운 화장품 용기를 비판하는 사람들의 시위 모습.

열어 간 것일까요?

화장품을 다 사용하고 난 뒤, 용기를 버릴 때 어떻게 해야 할까요? 예쁜 화장품 용기를 버리기 아까워서 그냥 두거나, 어떻게 버려야 할지 몰라서 고민한 적이 있을 거예요. 사실 화장품 용기는 '예쁜 쓰레기'라고 부릅니다. 예쁘기는 하지만 막상 재활용이 어려운 경우가 많기 때문입니다.

화장품 용기는 분리 배출하기가 어렵습니다. 플라스틱만으로 구성되지 않고 다양한 재질이 섞여 있기 때문이에요. 화장품 용기는 대부분 유리, 플라스틱, 금속 등 여러 재질이 섞여 있는 경우가 많습니다. 이렇게 복합 재질로 만들어진 화장품 용기는 재활용이 어렵습니다. 예를 들어, 플라스틱과 금속이 섞여 있는 용기는 분리 배출이 어렵기 때문에 결국 일반 쓰레기로 버려지게 됩니다.

화장품 용기는 '예쁜 쓰레기' 말고 또 다른 별칭이 있어요. 바로 '민폐 용기'입니다. 이러지도 못하고 저러지도 못해 민폐가 되기 때문이에요. 재활용 업계는 연간 6만 톤가량 쓰레기가 되는 화장품 용기를 두고 이렇게 불러 왔어요. 화장품 용기는 병 속에 화장품 잔여물이 남아 있어 분리 배출을 하더라도 대략 90퍼센트가량은 재활용되지 않습니다. 심지어 쓰레기통 내에서도 골칫거리입니다. 화장품 잔여물이 흘러나와 다른 폐기물까지 재활용을 어렵게 만들기 때문입니다.

이에 2020년 12월 환경 단체와 시민들은 화장품 용기 재활용을 위해 '화장품 어택 시민행동'을 만들었습니다. 시민행동에서는 전국 시민들로부터 화장품 용기 6000여 개를 직접 모았습니다. 이 중 81.3퍼센트가 '재활용 어려움' 등급으로 나타났습니다. 국내 대기업 4곳의 제품 중 재활용이 가능한 비율은 13.7퍼센트에 불과했습니다. 수입·기타 화장품도 21.4퍼센트에 그쳤습니다. 그러다 보니 시민들이 기자회견을 열고 "화장품 기업은 예쁜 쓰레기를 책임져라!"는 캠페인을 펼친 것이랍니다.

시민들과 환경 단체가 펼친 캠페인은 기후 위기 시대에 지구를 위해 꼭 필요한 내용입니다. 이런 문제를 해결하기 위한 다양한 노력이 이루어지고 있어요. 그중 하나가 '용기내 캠페인'입니다. 이 캠페인은 시민들이 화장품 용기를 깨끗이 씻어서 다시 사용하는 것을 장려하는 캠페인이에요. 예를 들어, 화장품 용기를 깨끗이 씻어서 말린 후 리필 스테이션에 가져가서, 필요한 화장품으로 채우는 거지요. 이렇게 하면 화장품 용기를 재활용할 수 있고, 쓰레기도 줄일 수 있답니다. 화장품 용기를 버릴 때는 재활용이 가능한지 확인하고, 가능한 한 깨끗이 씻어서 분

알맹상점 모습과 화장품 리필 스테이션 운영 장면.

리 배출하면 좋겠습니다. 또한, 용기내 캠페인 등에 참여해 보면 어떨까요?

3

선크림이
바다 생물을 죽이고 있다고요?

뜨거운 햇살을 피하기 위해, 또는 해수욕을 하기 전 사람들은 자외선 차단제 즉 선크림을 필수로 생각하면서 많이 바릅니다. 강한 자외선은 피부 노화와 손상을 일으키기 때문입니다. 하지만 최근 많은 나라들과 시민들이 선크림 사용을 금지하자는 법을 만들고 캠페인 등을 활발하게 펼치고 있습니다. 왜 그런 것일까요?

2021년 미국 하와이주를 시작으로 태국과 남태평양의 섬나라 팔라우 그리고 최근에는 미국 플로리다주, 카리브해 네덜란드령 보네르섬, 멕시코 해변 관광지 등에서는 옥시벤존과 옥티노세이트가 포함된 선크림의 판매와 사용을 금지하는 법을 만들어 시행하고 있습니다.

선크림은 크게 두 가지로 나뉩니다. 무기 자외선 차단제(=무기자차)와 유기 자외선 차단제(=유기자차)입니다. 유기자차는 자외선을 흡수한 다음 화학 반응을 거쳐 열을 반사합니다. 반면 무

지구와 나를 위한
안전한 선크림 선택 방법!

1 물리적 자외선 차단 선크림 = 무기자차 선택하기

화학적으로 자외선을 차단하는 선크림=유기자차에는 피부 건강과
바다 생태계에 나쁜 영향을 주는 **화학성분**들이 포함되어 있어요.

2 해양생태계를 파괴하는 성분 확인하기

자외선 차단 성분이자 환경호르몬인 옥시벤존과 옥티노세이트가
바다에 녹아들어가면 **산호초를 백화**시키고 **해양생태계를 파괴**해요.
화장품 라벨 혹은 '시선.net'에서 두 성분의 포함 여부를 확인해보세요.

OXBENZONE

3 스프레이 자외선 차단제 피하기

스프레이형 자외선 차단제는 차단 효과도 충분하지 않고, 흡입하게 되면
건강에 해로울 수 있어요. 로션이나 **스틱형 선크림**이 더 좋답니다.

4 '논 나노(Non-Nano)' 선크림 선택하기

나노는 머리카락 굵기의 10만분의 1 정도 되는 아주 작은 입자.
피부에 흡수되거나 흡입하게 되면 **혈관**은 물론, **신경계와 뇌**까지
침투할 수 있어요.

5 '향' 성분 꼼꼼히 확인하기

화장품에 포함된 향료는 각종 피부질환을 일으키는 주요 원인!
내가 쓰는 선크림에 향료 성분이 구체적으로 기재되어 있는지, 이 성분이
'알레르기 유발 향료 26가지'에 포함되어 있는지 확인해보세요.

착한 성분 사용, 함께 변화 만들기

화장품 회사들이
해양생태계를 파괴하는 성분을
사용하지 않도록
함께 요구해주세요!

환경운동연합에서
만든 '지구와 나를
위한 안전한 선크림
선택 방법'을 담은
포스터.

기자차는 피부 표면에 차단막을 만들어서 물리적으로 자외선을 튕겨 내는 방식입니다.

여러 나라들에서 법으로 금지한 선크림은 유기 자외선 차단제입니다. 여기에는 옥시벤존, 옥티노세이트 성분 등이 포함되어 있기 때문입니다. 특히 옥시벤존과 옥티노세이트는 환경 유해 성분으로 바다에 녹아들어 가면 산호초가 흰색으로 표백되는 백화 현상을 일으키고 죽게 됩니다. 바다 생물들에 보금자리와 먹을거리를 제공하던 산호가 사라지면 해양 생태계가 무너집니다. 또한 물고기의 호르몬 체계를 교란해 해양 생태계를 파괴합니다. 이 때문에 하와이와 팔라우 등 많은 곳에서 두 물질이 함유된 자외선 차단제의 반입과 사용을 법으로 금지시켰습니다.

선크림의 이런 유해 성분은 산호초뿐 아니라 다양한 해양 생물에게도 영향을 미칩니다. 예를 들어, 작은 물고기나 플랑크톤도 이런 물질에 노출되면 생존율이 낮아지고, 이는 해양 생태계 전체에 악영향을 미칠 수 있습니다. 해양 생태계가 파괴되면, 이는 결국 인간에게도 영향을 줍니다. 해양 생물은 우리의 식량 자원이기도 하며, 생태계 전체의 균형이 깨지면 그 피해는 고스란히 우리에게 돌아옵니다. 선크림의 유해 성분은 피부를 통해 우리 인체에 흡수되어 호르몬 교란을 일으킬 수 있으며, 콩팥에도 나쁜 영향을 주고 장기적으로 건강을 해칩니다.

환경과 건강을 생각한다면 옥시벤존 등이 없는 무기 자외선 차단제(무기자차)를 고르는 것이 좋습니다. 더불어 '논 나노(Non-nano)' 제품이면 더욱 좋습니다. '논 나노'는 선크림의 입자 크기가 100나노미터보다 크다는 의미예요. 입자가 나노급(=머리카락 굵기의 10만분의 1)으로 작으면 피부에도, 산호초에도 흡수될 수 있거든요. 산호초뿐만 아니라 우리 몸에도 흡수되는 나노 제품이 아닌 것을 사용하면 좋겠습니다.

끝으로 선크림 대신 물리적으로 자외선을 피하는 방법이 있답니다. 시원한 소재의 긴 옷을 입거나 챙이 있는 모자를 쓰는 것입니다. 야외에서 물놀이를 할 때는 래시 가드 수영복 등을 입어 선크림을 바르는 면적을 줄여 나가는 것입니다. 지구와 우리 건강을 지키는 실천을 함께 해 볼까요.

4
화장품 속에
미세플라스틱이 있다고요?

예전에는 치약이나 바디 워시, 클렌징 같은 제품에는 작은 알갱이들이 있었어요. 이 알갱이들이 있어 양치도 잘 되고, 몸과 얼굴 등을 더욱 깨끗하게 씻어 낼 수 있다고 생각했어요. 하지만 어느 순간부터 작은 알갱이가 들어간 제품들이 사라졌어요. 왜 그런 것일까요?

화장품은 크게 두 종류로 나눌 수 있답니다. 하나는 씻어 내는 화장품, 또 하나는 씻어 내지 않는 화장품이에요. 치약, 클렌징, 바디 워시와 같은 것은 씻어 내는 화장품입니다. 예전에는 이런 씻어 내는 화장품엔 모두 알갱이가 들어 있었습니다. 이 작은 알갱이의 정체는 바로 미세플라스틱입니다. 아무도 화장품 속에 들어 있는 이 작은 알갱이가 미세플라스틱이라고는 생각하지 못했습니다.

미세플라스틱은 5밀리미터 이하의 아주 작은 플라스틱 조각입니다. 화장품에 쓰인 미세플라스틱은 피부를 부드럽게 하거나 각질을 제거하는 역할을 해요. 하지만 이런 미세플라스틱이 사용되면 큰 문제가 생긴답니다.

미세플라스틱은 작은 크기로 하수 정화 장치에서 걸러지지 않고 하천을 거쳐 바다로 흘러가게 됩니다. 하천과 바다로 흘러간 미세플라스틱은 생태계에 큰 위협이 됩니다. 작은 물고기나 플랑크톤이 미세플라스틱을 먹이로 착각하고 섭취하게 되면, 이들이 먹이사슬을 통해 더 큰 물고기나 인간에게까지 영향을 미치게 돼요. 이로 인해 미세플라스틱은 생태계를 파괴하여서 '죽음의 알갱이'라고도 합니다.

수많은 해양 동물과 우리의 식탁까지 위협하고 있는 미세플라스틱

화장품 속 미세플라스틱의 위험과 화장품 용기의 재활용 필요성을 알리는 포스터.

은 왜 화장품에 들어가게 되었을까요? 미세플라스틱은 부드럽고 활용이 쉬운 만큼 자주 사용이 가능하고, 가격이 친환경 소재보다 더 저렴하다는 이유로 널리 사용되어 왔습니다. 이에 여성환경연대를 비롯한 시민단체와 많은 시민들은 2015년부터 "Face to Fish(페이스 투 피시)" 캠페인을 전개하여 2017년에는 바다를 아프게 했던 씻어 내는 화장품에 미세플라스틱을 사용할 수 없도록 하는 조치를 이끌어 냈습니다. 그래서 지금은 씻어 내는 화장품에는 미세플라스틱을 더 이상 사용하지 않습니다.

하지만 씻어 내지 않는 화장품에서는 미세플라스틱이 아직 사용되고 있답니다. 2015년 대한화장품협회 자료에 따르면 씻어 내지 않는 용도의 화장품 중 96퍼센트에 미세플라스틱이 들어 있습니다. 기초화장품, 마스카라와 펄 등 색조 화장품은 씻어 내지 않는 제품입니다. 그래서 우리가 사용하는 대부분의 화장품에는 미세플라스틱이 들어 있는 상황이랍니다.

세계적으로 미세플라스틱이 큰 환경 문제가 되면서 변화가 생기고 있습니다. 유럽연합(EU)에서는 해양 생태계에 치명적인 해를 끼치는 미세플라스틱의 사용 제한을 추진하며, 유럽화학물질청(ECHA)에서는 의도적으로 넣은 미세플라스틱을 금지시킨다는 내용을 담은 법안이 2024년 통과되었습니다. 유럽연합에서는 미세플라스틱을 첨가한 화장품의 판매 금지에 이어 미세플라스틱 처리 비용도 부담하게 할 방침입니다. '오염자 부담 원칙'에 따라 화장품 판매 기업과 의약품 기업들에게 하수도 처리 시 미세플라스틱을 제거하는 비용을 부담시키기로 했습니다. 해당 지침에는 하수와 처리된 하수의 미세플라스틱 농도까지 감시해야 한다는 내용까지 담겨 있답니다.

유럽에서는 2023년 10월, 유럽연합 신화학물 관리 제도인 리치(REACH: 화학 물질의 등록, 평가, 허가, 제한) 규정에 따라 화장품을 비롯해 세제, 장난감, 의약품·의료기기, 비료 등의 제품에 고의로 미세플라스틱을 첨가한 경우 판매를 금지한다는 내용의 조치를 발표한 바 있습니다. 유럽연합 집행위원회는 2030년까지 미세플라스틱 오염을 30퍼센트 줄이겠다는 '제로 오염 실행 계획(Zero Pollution Action Plan)'을 발표했습니다.

우리나라도 '씻어 내는' 화장품 속 미세플라스틱 금지를 이끌어 낸 것처럼 '씻어 내지 않는' 화장품에도 더 이상 미세플라스틱을 사용하지 못하도록 하는 조치가 마련되면 좋겠습니다.

5
미용실과 네일숍이
위험하다고요?

미용실이나 네일숍에 가 본 적이 있나요? 머리를 염색하거나 파마를 하고, 예쁜 네일 아트를 하는 것은 기분 전환도 되고 즐거운 체험입니다. 그런데 이곳들은 사실 위험하답니다. 멋을 내러 갔는데 오히려 건강에 해로울 수도 있거든요. 과연 미용실과

10대 청소년들이 잡월드에서 미용 체험을 하는 장면.

내 몸과 지구를 지키는 화장품 사용 설명서

네일숍이 건강에 좋지 않은 까닭은 무엇일까요?

미용실과 네일숍은 동네 곳곳에서 쉽게 만날 수 있습니다. 사람들이 편하게 머리나 손톱 등을 손질하는 곳이지요. 이곳에서 머리와 손톱을 손질하고 나면 상쾌한 기분이 듭니다. 많은 청소년들이 이 분야를 장래 희망으로 손꼽으면서 관련 교육이 많이 생기기도 합니다.

그런데 미용실에서는 몸에 좋지 않은 화학 물질을 많이 사용하고 있답니다. 머리카락을 다듬고 손질할 때 염색약, 파마약, 샴푸 등을 사용하는데 이들 제품에는 다양한 화학 물질들이 들어 있거든요. 이 화학 물질들은 머리카락을 아름답게 만들어 주지만, 동시에 유해 물질도 포함하고 있어요. 파마약과 염색약에 들어 있는 '포름알데히드'는 미용실 공기 상태를 악화시키는 발암 물질입니다. 이 물질들은 냄새가 강하고, 피부에 닿으면 자극을 줄 수 있어요.

네일숍도 마찬가지입니다. 손톱 등을 예쁘게 손질해 주는 네일숍에서는 네일 아트를 위해 다양한 제품이 이용됩니다. 특히 네일숍에서 사용하는 제품들 중에는 휘발성이 강한 제품이 많답니다. 이와 같은 성분에 장시간 노출되면, 호흡기 질환을 비롯해 피부 질환에도 걸릴 수 있습니다.

유해 물질은 미용실과 네일숍을 이용하는 손님에게도 좋지 않지만 무엇보다 가장 위험한 사람은 이곳에서 계속 일하는 직원들입니다. 미용사들은 평균 10시간 근무한다고 알려져 있고, 네일숍에서 일하는 사람들도 긴 시간을 좁고 막힌 공간에서 일합니다. 이렇게 장시간 유해 물질에 노출되면 피부 자극, 호흡기 질환, 심지어는 장기적으로 암에 걸릴 위험도 있습니다. 그래서 미용실과 네일숍에서는 환기를 잘 시키고, 유해 물질 사용을 최소화하는 노력이 필요합니다.

미국 뉴욕주에서는 네일숍 종사자와 이용자를 보호하기 위해 환기 설비 의무화를 적용했습니다. 처음에는 환기 설비 의무화를 강제로 법으로 정하는 것에 대한 반대도 많았지만 발암 물질이 나오는 상황에서 시민들의 건강을 지키기 위해 꼭 필요한 조치여서 도입되었답니다.

뉴욕주에서 네일숍을 운영하려면 다음 사항들을 지켜야 합니다. 가게 내 실내 공기를 배출할 수 있는 시스템, 배출되는 공기보다 더 많은 양의 실외 공기를 공급할 수 있는 시스템, 공기 오염 물질을 공급원으로부터 외부 대기로 배출할 수 있도록 한 설계와 그에 맞게 구성된 시스템, 가게 내 실내 공기가 재순환되지 않고 실외로 배출할 수 있는 기계식 환기 시설을 갖춘 설계

네일숍의 모습.

도면을 제시해야 합니다. 이를 갖추지 않으면 영업 허가를 받을 수 없습니다.

　미용과 네일 아트는 뷰티 산업이라고 불리우며 그 규모가 계속 커지고 있습니다. 하지만 아름다움 뒤에 가려진 위험을 함께 생각해 볼 필요가 있답니다. 이용객뿐 아니라 이곳에서 일하는 사람들과 또 이를 배우기 위해 노력하는 학생들을 위해 우리나라에서도 이런 제도를 도입해 보면 어떨까요?

5

화장품을 사용할 때
유의할 점이
있다고요?

1
화장은 하는 것보다
지우는 것이 더 중요하다고요?

'화장은 하는 것보다 지우는 것이 더 중요하다!'

이 말을 많이 들어 보았을 거예요. 화장을 해서 아름답게 꾸미는 것도 중요하지만 정작 화장을 잘 지우지 않으면 오히려 피부가 상하고 아름다움을 유지할 수 없기 때문이에요. 화장을 지우지 않고 그대로 잠을 자서 다음 날까지 있으면 피부에는 큰 부담이 생긴답니다. 피부에 화장품이 남아 있으면 모공을 막아 여드름이나 피부 질환이 생기기 때문이에요. 또한 피부가 숨 쉴 수 없게 되면서 피부가 건조해지고 피부 노화가 빨리 진행되거든요. 그래서 화장을 한 후에는 꼭 깨끗하게 지워야 한답니다.

화장 후, 얼굴을 씻을 때 피부가 뽀드득해질 때까지 철저하게 이중 세안을 해야 좋다고 생각하는 경우가 있어요. 하지만 연예인처럼 진하게 색조 화장을 한 경우가 아니면 이렇게까지 해야 할 필요는 없답니다. 이중 세안은 폼클렌저, 클렌징 오일

등 클렌징 제품으로 색조 화장을 지운 후 비누 세안을 하는 것이에요. 그런데 매번 이중 세안을 하면 오히려 피부에 무리가 될 수 있어요. 피부를 자극하고 건조시키는 등의 문제가 있기 때문이에요.

세안의 기본적인 목적은 피부에 자극을 적게 주면서 피부의 오염을 씻어 내는 것이랍니다. 세안만 잘 해도 피부를 건강하게 가꿀 수 있어요. 그렇다면 화장을 잘 지우며 깨끗하게 얼굴을 씻는 올바른 세안 방법을 알아볼까요.

첫째, 기본적으로 손을 깨끗하게 씻어야 합니다. 여러 가지

세안을 하기 전 손을 깨끗이 씻는 모습.

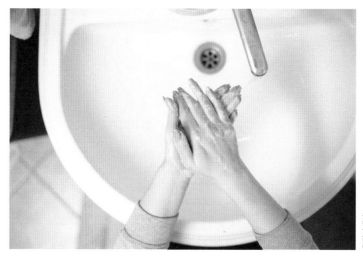

©픽사베이

일을 하는 손은 쉽게 세균이나 먼지 등에 오염될 수 있어 손을 씻지 않고 얼굴을 만지거나 세안을 하면 오히려 역효과가 나타날 수 있습니다. 따라서 세안을 할 때는 먼저 손을 깨끗이 씻어야 하며, 평상시에도 손으로 얼굴을 만지지 않는 것이 좋답니다.

둘째, 미지근한 물로 씻는 것이랍니다. 너무 차거나 뜨거운 물이 아니라 피부 온도와 비슷한 정도의 미지근한 물로 하고, 마지막에 그보다 약간 시원한 물로 헹구는 게 좋습니다. 약간 따뜻하게 느껴지는 물은 모공을 열어 노폐물이 분비되는 것을 원활하게 하고 혈액 순환을 좋게 하기 때문입니다.

셋째, 자신의 피부 타입에 맞는 세안제를 쓰는 것이에요. 피부 타입은 사람마다 다르기에 자신에게 맞는 세안제를 사용해야 피부 트러블의 발생을 줄이고, 더욱 효과적으로 세안할 수 있습니다.

넷째, 세안제를 사용할 때는 거품을 내서 사용합니다. 세안제의 특정 성분은 거품 상태에서 순화됩니다. 따라서 제품을 그대로 직접 피부에 닿게 하는 것보다 거품 상태가 피부에 주는 자극이 덜하게 되므로 세안제를 덜어 충분히 거품을 낸 후 세안하는 것이 좋습니다.

다섯째, 거품으로 얼굴 전체를 부드럽게 문지르면서 닦습니다. 손가락을 이용해 거품을 얼굴에 발라 작은 원을 그리면서 얼굴 전체를 골고루 부드럽게 문지르면서 화장을 닦아 냅니다. 이 과정은 노폐물 분비를 촉진하고 혈액 순환을 좋게 합니다. 얼굴 전체와 목 뒤, 귀 뒤까지 골고루 세안하도록 합니다.

여섯째, 세안제나 비누 성분이 피부에 남아 있지 않도록 최대한 깨끗하게 헹궈 냅니다. 찬물과 뜨거운 물로 뽀드득 소리가 날 때까지 헹구는 것은 세안 후 적당히 남아 있어야 할 유분까지 제거하게 되므로 오히려 피부에 좋지 않습니다.

끝으로 수건으로 가볍게 물기를 닦습니다. 이때 마른 수건으로 문지르면서 닦는 것은 강한 마찰을 일으켜 피부를 상하게 합니다. 세안을 하고 나서 물기를 제거하지 않은 채 톡톡 두드리면서 자연 건조되도록 하는 경우가 있는데, 이는 수분이 증발하면서 피부의 수분마저도 날아가게 해 피부를 더욱 건조하게 합니다. 마른 수건을 가볍게 대어 물기만 제거하거나 거즈 수건을 얼굴에 올려 자극 없이 물기만 제거하는 것이 가장 좋습니다.

2
화장품을 안전하게 사용하려면
어떻게 해야 하나요?

화장품을 안전하게 사용하지 못하는 경우가 많습니다. 화장을 통해 자신을 잘 꾸미려다가 오히려 화장품 부작용으로 피부가 상하고 심지어 병원에 다니면서 치료를 받아야 하는 경우도 있거든요. 몇 가지 원칙을 지키면 화장품을 안전하게 사용할 수 있어요.

첫째, 화장품을 사용할 때 깨끗하게 손을 씻는 것이에요. 씻지 않고 더러운 손으로 크림 등을 직접 덜어 내면 안 됩니다. 깨끗하게 관리된 도구(주걱 등)를 이용해 사용할 만큼만 덜어서 바르는 것이 좋습니다. 깨끗한 손으로 화장을 하는 것은 가장 기본입니다.

둘째, 화장품을 사용하고 나서는 항상 뚜껑을 바르게 꼭 닫아야 합니다. 먼지나 미생물이 들어가면 문제가 생기기 때문이에요. 특히, 습기 등이 화장품에 섞이면 미생물이 살기에 매우 좋은 환경이 되기 때문에 제품에 습기나 물이 들어가지 않도록 주의해야 합니다. 개인용이라도 화장품 사용 후에는 반드시 뚜껑을 꼭 닫아 보관해야 합니다.

셋째, 화장품을 여러 사람이 같이 사용하지 않도록 합니다. 여러 사람이 함께 사용하면 감염·오염의 위험이 있기 때문이에요. 판매점 등에서 테스트용 제품을 사용할 때는 일회용 도구를 사용하도록 합니다. 특별히 눈 화장품은 감염 위험이 크기에 같이 사용하지 않도록 조심합니다.

넷째, 화장에 사용하는 도구는 늘 깨끗하게 관리합니다. 아이섀도 팁이나 퍼프 등 화장 도구는 정기적으로 미지근한 물에

테스트용 화장품을 사용하는 모습.

©허성호

중성 세제로 깨끗이 세탁한 후 완전히 건조시켜서 사용하도록 합니다.

다섯째, 화장품은 직사광선을 피해 서늘한 곳에 보관합니다. 일반적으로 화장품은 상온 보관용으로 만들어집니다. 따라서 직사광선을 피해 서늘한 곳에 보관하는 것이 좋습니다. 화장품마다 보관 방법이 차이가 있을 수 있으니 제품을 구매하면서 보관 방법도 꼭 확인합니다.

여섯째, 화장품의 사용 기한을 꼭 확인합니다. 사용 기한보다 오래된 화장품은 사용하지 않도록 합니다. 개봉한 화장품은 사용 기한 안에 사용하는 것이 좋습니다.

일곱째, 사용하고 있는 화장품의 내용물 색상이나 향취가 변한 경우에는 사용하지 않도록 합니다. 화장품 내용물에 층분리가 일어난 경우에도 더 이상 사용하지 않고 버리는 것이 좋습니다. 변질된 화장품을 사용할 경우 피부 질환 등의 부작용이 생길 수도 있기 때문입니다.

화장품의 올바른 사용법을 아는 것은 얼굴을 청결히 하고 아름답게 하기 위한 기본입니다. 화장으로 인해 오히려 미생물 등에 오염되거나 상해 버린 화장품을 사용함으로써 생기는 피부 질환 등에서 내 몸을 보호해야 하기 때문입니다.

3
색조 화장품을 사용할 때 유의할 점이 있다고요?

화장할 때 색이 들어간 색조 화장을 하면 더 돋보이는 것 같아요. 개성을 표현하고 진짜 화장을 한 것 같은 기분이 들거든요. 청소년들도 최근에 많이 하고 있답니다. 점점 색조 화장을 하는 연령대도 낮아지고 있습니다.

색조 화장용 제품류에는 볼연지, 페이스 파우더, 리퀴드·크림·케이크 파운데이션, 메이크업 베이스, 립스틱, 립라이너, 립글로스, 립밤 등등 다채롭고 많이 있답니다.

하지만 청소년기에는 피부가 얇고 예민해 가급적 색조 화장은 피하는 것이 좋습니다. 무엇보다 일찍 시작한 색조 화장은 피부 착색과 손상을 불러올 수 있습니다. 화장 후에는 화장품의 잔여물이 피부에 남지 않도록 세안을 꼼꼼히 하는 것이 중요합니다. 청소년기에는 호르몬 분비가 왕성해 피지가 쉽게 쌓이는데 색조 화장을 하면 모공이 막혀 피부 트러블이 심해질 수 있습니다.

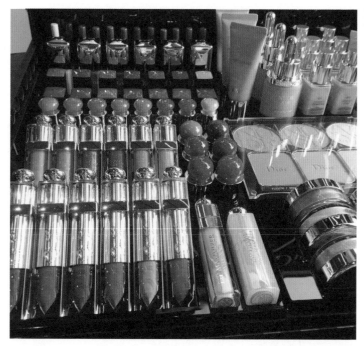

다양한 색조의 립스틱 제품들.

색조 화장품에는 색상을 내기 위해 색소나 금속 등을 사용하는데 이들 성분은 피부에 알레르기성 접촉 피부염을 일으키는 원인이 됩니다. 다만 같은 화장품이라도 특정 성분에 대한 피부 알레르기 반응 여부와 그 정도는 사람마다 다릅니다. 색조 화장품을 구매하기 전 라벨에 표시된 성분을 참고하거나 샘플을 귀밑 등의 피부에 먼저 테스트해 보는 것이 좋습니다. 또한 색조 화장품의 특성상 친구들과 함께 쓰는 일도 많은데 이 경우 변패(변질하여 썩음) 또는 오염 가능성이 있으므로 가급적 공유하지 않아야 합니다.

만약 색조 화장품 사용 후 알레르기나 피부 문제가 발생했다면 사용을 중지하고 피부과 등 전문가에게 진료나 상담을 받는 것이 필요합니다. 주로 나타나는 이상 반응으로는 피부 발진, 가려움증, 통증, 접촉 피부염, 기존 피부 질환의 악화, 부어오름, 피부 탈·변색, 붉어짐 등이 있습니다.

색조 화장은 자신을 돋보이게 하고 개성을 표현하는 멋진 방법이에요. 하지만 피부 건강을 위해 주의할 점도 많아요. 여러분도 색조 화장을 할 때는 피부 건강을 생각하며 적당히 사용하고, 올바른 세안 습관을 기르면 좋겠습니다.

4
화장품을 사용하지 않는 것이
더 좋을 때가 있다고요?

집에 화장품이 몇 개 있는지 떠올려 보세요. 집 안을 둘러보면 생각보다 많은 화장품이 있을 거예요. 화장품은 우리를 더 돋보이게 해 주지만, 때로는 사용하지 않는 것이 더 나을 때도 있어요. 어떤 경우일지 함께 알아볼까요.

피부도 휴식이 필요합니다. 그런데 매일 화장을 하면 피부가 숨을 쉴 수 없게 되면서 휴식을 취할 수 없답니다. 특히, 피부가 민감하거나 트러블이 있을 때는 화장품을 사용하지 않는 것이 좋습니다. 여드름이 생기거나 피부가 붉어지는 등 이상 반응이 생겼을 때는 화장을 하지 않고 피부를 쉬게 해 주는 것이 중요하거든요. 화장으로 이상 반응 등의 초기 증상이 있었을 때 화장을 하지 않으면 대부분의 피부는 자연스럽게 스스로 회복되는 경우가 많습니다. 화장품에 들어 있는 성분 중 일부가 알레르기 등을 일으키거나 자극을 줄 수도 있기 때문입니다.

어떤 사람들은 특정 성분에 민감해서 피부가 가렵거나 다

재활용이 안 되는 화장품 용기들.

른 증상이 나타날 수 있습니다. 이런 경우에는 화장품을 사용하지 않는 것이 좋습니다. 알레르기가 있는지 확인하려면, 새로운 화장품을 사용하기 전 먼저 작은 부위에 테스트해 보면 됩니다.

화장품을 사용하지 않으면 지구 생태계를 보호하는 데도 도움이 됩니다. 화장품 용기는 대부분 복합 플라스틱 재질로 만들어져 있어서, 사용 후 재활용이 되지 않아 환경에 나쁩니다. 또한, 화장품을 만드는 과정에서 많은 자원이 사용됩니다. 화장품을 만들 때 제품 성분에 미세플라스틱이 들어가는 경우도 많습니다. 이로 인해 화장품을 씻어 내는 과정에서 미세플라스틱이 그대로 하수구로 내려가 하천과 바다를 오염시킨다는 조사 결과도 나오고 있습니다.

최근에는 화장을 하지 말자는 '노 메이크업' 운동이 세계적으로 주목받으며 많이 펼쳐지고 있습니다. 화장을 하지 않고 자연스러운 모습을 유지하는 것을 장려하는 운동이에요. 남의 기준에 맞춰 화장을 하기보다는, 있는 그대로의 내 모습으로 자연스럽게, 다양한 아름다움을 지켜 가자는 것이에요. 외모를 위해 무리한 다이어트나 성형 수술을 하는 것보다 건강하고 행복한 삶을 만들어 가자는 생활 속 실천 운동입니다. 자신만의 아름다움을 찾아가자는 '노 메이크업' 운동에 대해 여러분은 어떻게 생각하시나요?

5
어린이 · 청소년과 어른의 피부는
어떻게 다른가요?

최근 청소년뿐 아니라 어린이들도 화장을 많이 하고 있습니다. 자신을 꾸미고 가꾸는 것은 좋지만 어린이와 청소년 화장에서 주의할 부분이 있답니다. 바로 어린이 · 청소년과 어른의 피부는 다르기 때문이에요. 과연 어떤 차이가 있을까요?

우선 어린이의 피부는 어른의 피부보다 얇고 민감해요. 그래서 외부 자극에 더 쉽게 반응할 수 있어요. 예를 들어, 햇빛에 오래 노출되면 쉽게 타거나, 찬바람에 노출되면 건조해지기 쉽습니다. 어린이의 피부는 피지선이 덜 발달되어 있기 때문입니다.

어른의 피부는 어린이, 청소년의 피부보다 두껍고, 피지선이 더 발달되어 있어요. 그래서 피부가 더 기름질 수 있어요. 하지만 나이가 들면서 피부가 점점 얇아지고, 탄력이 떨어지게 돼요. 어른의 피부는 시간이 지나면서 주름이 생기고, 색소 침착이 일어날 수 있어요. 그래서 어른들은 주름 개선 제품이나 미백 제품을 사용하는 경우도 있답니다.

화장품을 고르는 청소년들 모습.

어린이와 청소년은 어른 피부와 이렇게 다르기 때문에, 사용하는 화장품도 달라야 해요. 상대적으로 피부가 민감하고 얇기 때문에, 사용할 때 더 주의해야 합니다. 성인용 화장품을 사용하면 피부에 자극을 줄 수 있어요. 따라서 어린이와 청소년 전용 화장품을 사용하는 것이 좋아요. 어린이와 청소년 전용 화장품은 피부에 자극을 주지 않는 성분으로 만들어져 있어서, 부작용을 줄이면서 사용할 수 있습니다.

무엇보다 어린이·청소년이 과도한 화장을 하면 피부 건강에 좋지 않을 수 있어요. 성장기 피부는 아직 발달 중이기 때문에, 화학 물질에 민감하게 반응할 수 있어요. 화장품에 들어 있는 화학 물질이 피부에 자극을 주거나, 알레르기를 일으킬 수 있답니다. 화장을 자주 하면 피부가 숨을 쉴 수 없게 되어 트러블도 생길 수 있어요. 그래서 어린이와 청소년기에는 과도한 화장을 피하는 것이 좋습니다.

화장을 하는 것은 외모를 잘 꾸미는 것뿐만 아니라 피부를 건강하게 유지하기 위해서이기도 합니다. 잠깐 동안 예뻐 보이는 화장이 아니라 건강하고 맑은 피부를 가꿔 나가면 좋겠어요.

6

제품별로 안전하게
사용하는 방법이
있다고요?

1
눈 화장을 안전하게 하기 위해
꼭 알아야 할 것이 있다고요?

아이라이너, 아이섀도, 마스카라 같은 제품들의 이름을 들어 본 적이 있나요? 눈과 눈썹 등 눈매를 또렷하게 하고 돋보이게 하기 위한 화장품들이지요. 그런데 이런 눈 화장용 화장품을 사용하기 전에는 각별하게 주의할 필요가 있습니다. 안전하게 눈 화장을 하지 않으면 민감한 눈 건강을 해칠 수 있기 때문입니다.

흔들리는 지하철이나 자동차 등에서 눈 화장을 하는 모습을 때때로 볼 때가 있습니다. 하지만 이것은 대단히 위험하답니다. 자칫 실수나 충돌 등으로 눈에 화장품의 화학 성분이 들어가면 결막과 각막에 자극을 주어 결막 충혈, 염증 등 증상이 나타날 수 있기 때문입니다. 갑작스러운 급정거 등으로 마스카라 등 눈 화장 도구에 눈이 찔리는 상처를 입을 수도 있기에 지하철이나 차량 등 이동 중에는 화장을 하지 않는 것이 좋습니다.

평소 눈 화장품을 사용할 때는 주의할 점이 있습니다. 우선

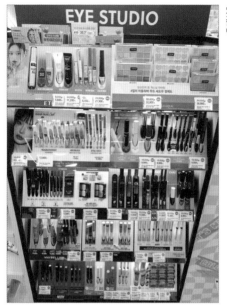

아이라이너, 아이섀도, 마스카라 등 눈화장을 위한 화장품들.

눈 화장을 할 때 눈이나 눈 주변이 부어오르거나 염증 등이 있을 경우는 화장을 하지 않는 것입니다. 또한 렌즈를 착용하는 경우에는 눈에 화장품이 들어갔을 때 눈을 비비거나 렌즈를 빼는 과정에서 눈에 상처가 발생할 수 있기에 조심해야 합니다. 화장품 성분이 렌즈에 침착되어 이물감, 알레르기, 안구 건조감을 유발할 수 있으므로 렌즈를 사용하고 있다면 눈 화장은 자극이 적은 제품을 사용하는 것이 좋습니다. 눈 화장을 지울 때는 깨끗하게 손을 씻은 뒤 렌즈부터 빼야 합니다.

눈 화장을 할 때 눈 안쪽 깊숙한 곳까지 라인을 그리는 경우가 있습니다. 눈 건강을 위해 이런 화장은 하지 않는 것이 좋습니다. 무엇보다 눈 화장 이후에 눈꺼풀이나 눈 주위를 문지르지 않도록 주의할 필요가 있습니다.

눈 화장품을 다른 사람과 함께 쓰거나 바꿔 쓰면 세균이 옮을 수 있습니다. 화장품 가게에서 샘플을 쓸 때도 면봉과 같은 일회용품을 이용해 샘플을 테스트하는 것이 좋습니다. 그리고 눈에 사용하는 화장품이 아닌 다른 부위에 사용하는 화장품을 사용하지 않도록 합니다. 립라이너를 아이라이너처럼 눈에 사용할 경우 입가의 감염이 눈에 전달될 수 있습니다. 또 립라이너에는 눈가에 적합하지 않은 첨가제가 들어 있을 수도 있습니다.

끝으로 유통 기한이 지나지 않았는지 꼭 확인할 필요가 있습니다. 화장품이 오래되면 세균이 번식해서 건강에 해롭습니다. 오랫동안 사용하지 않아 마르거나 굳은 마스카라, 색깔이 변했거나 이상한 냄새가 나는 화장품은 과감하게 버리도록 합니다.

2
입술 화장품의 올바른 사용법이 있다고요?

립스틱, 틴트, 립밤. 이 화장품의 공통점은 무엇일까요? 바로 입술에 바르는 화장품입니다. 입술 화장품은 음식을 먹을 때 알게 모르게 음식에 묻어 바로 섭취될 수 있으므로 안전에 유의할 필요가 있습니다. 제품을 구입할 때 제조와 유통 기한이 얼마나 되는지, 제품을 만든 제조사나 수입사가 믿을 만한 곳인지, 유해 성분은 없는지 꼼꼼하게 살펴야 합니다.

일반적으로 입술 관리를 위해 립밤과 립스틱을 함께 사용하는 경우가 많습니다. 그런데 이 둘 중 무엇을 먼저 발라야 하는지 잘 모릅니다. 이를 위해서는 우선 입술에 대해 알아볼 필요가 있습니다.

입술은 다른 피부와 달리 모공이 없습니다. 그렇다 보니 자연스레 보습막이 형성되지 않고 얇아서 건조한 날씨에 쉽게 각질이 생기거나 갈라집니다. 말을 하거나 음식을 먹는 등 사용이 많은 부위이기 때문에 각질이 더 쉽게 생기고 금방 딱딱해집니다. 립스틱, 틴트 등 화장품 속 색소나 흡착 성분들이 입술 건조의 원인이 되기도 합니다. 따라서 립스틱이나 틴트 등을 바르기 전에는 입술에 유·수분을 공급하는 립밤을 바르는 것이 좋습니다. 립스틱은 흡착력이 좋아 립스틱만 바를 경우 공기 중의 먼지와 세균이 각질 사이로 들어가 구순염이나 포진을 유발할 수 있기 때문입니다. 립스틱을 바르기 전에는 립밤으로 입술에 충분히 수분과 보호막을 제공해 주세요.

최근 입술 색이 변하지 않는 틴트를 찾는 소비자들이 많습

입술에 바르는 화장품들.

ⓒ 봉정훈

내 몸과 지구를 지키는 화장품 사용 설명서

니다. 틴트는 사용법이 쉬워 10대 청소년 사이에서도 큰 인기를 끌고 있습니다. 하지만 틴트는 립스틱보다 밀착력이 뛰어난 제품으로 입술 전용 클렌징 제품을 이용하지 않는다면 색소 침착 현상이 발생할 수도 있습니다. 색소 침착 현상이 일어나면 입술 색이 변하는 등 이상 증상이 나타날 수도 있답니다. 이럴 경우 병원에 가서 진료를 받는 것이 필요합니다.

입술은 민감하고 성분 흡수가 잘 되기 때문에 입술 화장품에 들어가는 재료는 특히 더 꼼꼼하게 살펴보아야 한답니다. 입술 화장품은 용량이 적어 반드시 전 성분 표시를 할 의무가 없습니다. 그러다 보니 제품에 자신에게 알레르기를 유발하는 성분이 있는지 모른 채 사용하는 경우도 있습니다. 만약 사용 시 이상 증상이 생겼다면 바로 사용을 중단해야 합니다.

립스틱, 틴트 등 입술 화장품은 삼키지 않도록 주의해야 합니다. 친구들과 함께 쓰지 말고, 뚜껑을 꽉 닫아 낮은 온도에서 보관하세요. 입술 건강을 위해 하루 두세 차례 이상은 바르지 않는 게 좋습니다. 또한 「화장품법」으로 관리 받지 않고 문구점 등에서 완구 형태로 판매되는 입술 화장품은 법률 규정을 따르지 않고 만들어질 수 있으므로 구입하지 않는 것이 좋습니다.

3
올바른 샴푸 사용법이
있다고요?

머리를 감을 때 샴푸를 자주 사용합니다. 그런데 막상 샴푸의 올바른 사용법을 모르는 경우가 많습니다. 어떻게 샴푸를 사용하면 되는 것일까요?

우선 샴푸를 사용할 때 어느 정도 사용하는지 떠올려 보세요. 대개 샴푸 광고 등에서는 듬뿍 샴푸를 발라 머리를 감는 모습을 보여 줍니다. 샴푸를 많이 사용할수록 잘 씻기고, 머리카락에 쌓인 오염물질 등도 잘 제거된다고 생각할 수 있어요. 하지만 막상 많은 양의 샴푸는 오히려 두피 건강에 해롭답니다.

샴푸는 손바닥에 100원짜리 동전 크기 정도로 짜서 손으로 충분히 거품을 내서 머리를 감는 게 좋습니다. 그런데 많은 경우 거품을 내지 않고 사용합니다. 샴푸 원액을 두피에 바르고 잘 헹구지 않으면 잔여물이 남아 건강에 좋지 않습니다. 샴푸의 성분 중 특히 계면활성제라든지 향료가 두피에 남아 있으면 염증을 유발할 수 있고 자극을 줄 수 있기 때문입니다. 각질이 일

여러 종류의 샴푸.

어난다든지 가렵다든지 하는 증상들이 생길 수 있거든요. 이를 위해 거품을 충분히 내서 사용하는 습관을 가지면 좋습니다. 머리 감을 때 손톱으로 박박 긁는 것은 좋지 않습니다. 오히려 손톱으로 두피가 상할 수 있기에 손의 지문이 있는 부분으로 부드럽게 마사지하는 것처럼 감아 줍니다.

머리를 감을 때 물의 온도는 어떻게 하면 좋을까요? 뜨거운 물이 찬물보다 샴푸를 더 씻어 낸다고 생각할 수 있습니다. 하지만 샴푸가 씻겨 나가는 것은 물의 온도하고는 크게 상관이 없습니다. 다만 두피도 피부이기 때문에 너무 찬 온도나 뜨거운 온도는 좋지 않습니다. 그래서 약간 시원한 느낌이 드는 약 30~35도 정도 되는 미지근한 온도의 물로 머리를 감는 게 좋답니다.

참고로 머리를 말릴 때는 뜨거운 바람보다 찬 바람이나 자연 바람으로 말리는 것이 좋습니다. 뜨거운 바람은 두피의 온도를 높이고 건조하게 만들어 탈모를 유발할 수도 있기 때문입니다.